유럽의 녹색 일자리를 위한 기술

한국산업인력공단

번역자	이명근	전문번역가
책임검토자	양성모	한국산업인력공단 자격동향분석팀
검토자	김동자	한국산업인력공단 자격동향분석팀

2014년 11월 20일 1판 1쇄 인쇄
2014년 11월 20일 1판 1쇄 발행

지 은 이	한국산업인력공단
발 행 인	이헌숙
표 지	김학용
발 행 처	생각쉼표 & 주)휴먼컬처아리랑
	서울특별시 영등포구 여의도동 45-13 코오롱포레스텔 309
전 화	070) 8866 - 2220 FAX • 02) 784-4111
등록번호	제 2009 - 000008호
등록일자	2009년 12월 29일

www.휴먼컬처아리랑.kr
ISBN 979-11-5565-102-5

유럽의 녹색 일자리를 위한 기술

한국산업인력공단

이 자료는 유럽직업훈련개발센터(CEDEFOP)에서 출판된 아래의 영문자료를 번역한 것이다.

skills for green jobs

Luxembourg: Publications Office of the European Union, 2010
ⓒ European Centre for the Development of Vocational Training(2010)

유럽의 녹색 일자리를 위한 기술 : ⓒ한국산업인력공단 [2012]
유럽직업훈련개발센터의 승인으로 한국산업인력공단이 한국어판 번역 및 출판을 하며 한국어판 내용과 원본의 일관성에 대한 책임은 한국산업인력공단에 있습니다.

이 자료는 2010년도 CEDEFOP에서 발행된 것으로 영국을 비롯한 유럽 6개국의 녹색 일자리와 관련된 국가 경제 정책, 대응 방안 등을 요약 정리한 보고서입니다. 원문이 필요하시거나 기타 문의사항이 있으시면 한국산업인력공단 자격동향분석팀 (02-3274-9705)으로 연락하여 주시기 바랍니다.

머 리 말

우리나라를 포함하여 세계 각국은 녹색 성장을 경제발전의 새로운 패러다임으로 도입하고, 녹색기술산업을 개발하여 새로운 성장동력산업으로 하며, 그와 더불어 일자리 창출 제고 등에 활용하기 위해 많은 노력을 기울이고 있습니다. 녹색기술이라 함은 에너지 자원을 절약하고, 효율성을 제고하는 기술이라 할 수 있을 것이며, 이렇게 함으로써 궁극적으로는 환경훼손을 방지하고, 온실가스배출을 감소시켜 지구 기후변화에 대처할 수 있을 것입니다.

특히 우리나라는 세계 10대 에너지 소비국이며, 에너지 대부분을 해외 수입에 의존하고 있으므로 녹색산업의 개발에 많은 노력을 경주해야 할 것이고, 이에 따라 정부에서도 「저탄소녹색성장기본법」, 「지속가능발전법」 등 관련법을 제정하였습니다.

이와 같은 같은 맥락에서 EU 각 국가들도 정부, 지방, 각 단체들 및 회사들이 협력하여 녹색성장과 그에 따른 일자리 창출과 관련된 정책과 전략을 수립하여 추진하고 있으며, 이 보고서는 EU 국가 중 영국을 비롯한 6개국의 녹색경제정책, 일자리 창출과 관련된 전략 등을 종합분석하고, 각국의 국가보고서를 첨부해 놓고 있습니다.

본 자료가 녹색산업발전의 정책이나 전략에 관계되는 사람들에게 도움이 되고, 특히 교육훈련과정을 설계하거나, 자격을 설계하는 사람들에게 유익한 정보를 제공하는 매체가 되기를 희망합니다.

끝으로 이 자료를 번역하느라 수고하신 번역자와 관계 직원들께 진심으로 감사를 드립니다.

2012. 10월
한국산업인력공단
이사장 송 영 중

목 차

요약

제1장 환경변화 및 기술대응전략 ·· 1
　1.1 환경변화 및 정책 ·· 1
　1.2 녹색 경기부양 정책 ·· 2
　1.3 최근 환경정책 및 프로그램에 대한 분야별 초점 ············· 4
　1.4 환경정책 및 프로그램의 한 분야로서의 기술 대응 정책의 발전 ············ 4

제2장 기술 요구의 출현 ·· 7
　2.1 녹색 구조조정 ·· 7
　2.2 새로운 직업과 기존 직업의 녹색화 ···································· 9
　2.3 녹색 기술 수요를 창출하는 직무 녹색화의 개요 ············· 11

제3장 예측되는 필요 기술에 대한 접근 ······································· 13
　3.1 도구 및 제도 체계 ·· 13
　3.2 기술 대응 토대로서 예측되는 녹색 요구 기술 ··············· 15

제4장 필요 기술에 대한 대응 ··· 17
　4.1 기존 교육훈련 시스템 내에서 직무 녹색화의 기술 대응 ············ 17
　4.2 직업 녹색화에 대한 지역/지방 및 분야/회사별 대응 ··········· 20
　4.3 녹색 구조조정에 있어서의 기술 대응 ······························· 22

제5장 결론 및 권장사항 ·· 23

5.1 결론 ·· 23

5.1.1 환경 전략 및 기술 대응 ································ 23

5.1.2 환경 기술의 필요 ·· 24

5.1.3 예상되는 필요 기술 ·· 25

5.1.4 대응 기술의 개발 ·· 26

5.2 권장사항 ·· 26

5.2.1 전략적 대응 ·· 26

5.2.2 예상되는 필요 기술 ·· 27

5.2.3 기술 대응 지원 ·· 28

제6장 국가별 주요 착안사항 요약 ························ 29

6.1 덴마크 ·· 29

6.2 독일 ·· 40

6.3 에스토니아 ·· 52

6.4 스페인 ·· 63

6.5 프랑스 ·· 73

6.6 영국 ·· 88

용어 ·· 95

참조 문헌 ·· 96

〈표 목차〉

표 1. 각 회원국의 녹색 경기 부양 정책 및 주요 구성 항목 개요 ···················· 3
표 2. 녹색 기술에 관한 각 회원국의 사례조사 개요 ································· 12

〈박스 목차〉

박스 1. 프랑스의 녹색 직업 활성화 계획(2009) ······································ 6
박스 2. 녹색 구조조정 ·· 8
박스 3. 새로운 녹색 직업 - 새 병에 오래된 포도주 넣기? ······················ 9
박스 4. 청정기술 직업의 직무수행능력 ··· 10
박스 5. 영국 기술 대응 시스템의 변화 ··· 14
박스 6. 재생에너지분야에 필요한 기술 분석을 위한 공동작업 ··········· 15
박스 7. 스페인의 녹색 고용 프로그램을 통한 태양 에너지 사업주 훈련 ······· 19
박스 8. 프랑스의 에코디자인 촉진 ··· 20
박스 9. 나바르 지역의 재생에너지 생산을 위한 기술 대응 ················· 21
박스 10. 탄소 거래를 위한 재무서비스분야 근로자의 기술 향상 ··········· 21
박스 11. 에스토니아 발전분야의 작업자 기술 재교육 ·························· 22

【요 약】

1. 개요

 이 보고서는 유럽직업훈련개발센터(Cedefop)가 영국, 프랑스, 덴마크, 독일, 에스토니아, 스페인 등 유럽 6개국의 녹색 산업과 관련한 새로운 일자리의 창출에 대한 정책과 전략을 각국 보고서를 토대로 하여 5개의 주제로 종합 정리한 것이다. 그리고 부록으로 각국이 작성한 국가보고서를 싣고 있다.

 최근 수년간 저탄소 경제, 녹색 및 지속가능한 성장을 위한 움직임이 두드러지게 나타나고 있다. 이것은 각 국이 기후 변화 조약, 에너지 구조의 갱신 및 기타 환경 입법의 적용과 동시에, 경기 침체의 탈출 방법 및 실업률을 감소시키는 수단을 모색하는 토대로 작용하였다. 연구결과를 요약하면 다음과 같다.

2. 주요내용

 □ 녹색 일자리 창출의 잠재력은 매우 크다. - 일자리 창출을 촉진하기 위해 정부가 지원해야 하는 것은 명백하며 이것을 산업체 단독으로 할 수는 없다.

 녹색 산업의 투자, 특히 재생 에너지 및 친환경적 건축이 잠정적으로 직업 창출의 중대한 동력이 된다는 것을 보여준다. 최근 영국 정부에 의하여 수행된 연구에 따르면, 온실가스배출 계획이 실현된다면 약 400,000개의 일자리가 창출될 수 있을 것으로 추정하였다(Innovas, 2009). 미국에서는, 에너지 효율성 제고 및 재생 에너지에 자금을 투자하면, 동일한 자금으로 기름으로부터 에너지를 생산하는 것보다 2.5배에서 4배의 사이의 일자리가 더 만들어진다고 추정한다(Pollin 외, 2009).

 이러한 일자리 창출을 지원하는데 있어서 정부가 관여하는 것은 결정적이다. 환경 및 보건의 피해를 줄이는 정부의 역할은 녹색산업 기술 및 서비스 시장을 개척하는 전제 조건이다. 심지어 이러한 정책들이 적절할 때도, 새로운 기술을 개발하는 것은 사업에서 금지해야 될 위험요소일 수 있고 초기 단계에서 큰 비용이 소요될 수도 있다. 다른 분야와 마찬가지로, 새로운 녹색 기술의 개발 및 전개를 방해하는 시장

실패를 다루기 위한 개혁 정책 도구의 특정한 수단이 필요할 수도 있다. 예를 들면 정부가 연구 및 초기 단계의 전개에 보조금을 지급하는 것이 개혁을 가속화 하고 기업에게도 또한 공동투자를 해야 한다는 확실한 동기를 제공할 수 있다.

새로운 자금 투자 시도는 특히 중소기업(SMEs)에 있어서 민감한 사항이다. 이들은 재정(현재의 경기 침체에 따라 악화된) 확보에 많은 애로사항을 갖는 추세이다. SMEs는 또한 적절한 기술향상 훈련에 접근하는 것과 새로운 시장 기회를 활용하는데 있어서 장벽에 부딪히게 된다. 근로자들의 기술향상을 도모하는 것은 그들에게 그것이 감당할 만하고 유익하다는 확신을 주어야 한다. 대부분의 전기기사들이 태양광 발전의 설치에 대한 훈련을 받고 싶어 하지만, 훈련 제공자인 EUR2050에 그에 대한 훈련비용을 지불하는 것은 꺼린다고 조사되었다([1]).

산업체는 다음과 같은 사항들을 고려하여 기후 변화 의무에 맞추기 위한 더욱 역동적인 역할을 수행하기 시작하고 있다. :

(a) '탄소 배출권 거래부터[절감 목표] 새로운 기술 및 공정[...]까지, 온실 가스 배출과 관련하여 새롭게 성장하는 시장;

(b) 변화하는 규제적인 요구조건 및 구매 수요에 부응하는 세계적인 공급 망;

(c) 소비자 욕구와 저탄소 배출 서비스 및 상품을 개발, 유통 및 판매함으로서 경쟁력 우위를 점할 수 있는 원동력을 [...] 찾고자하는 [...] 회사에 부응;

(d) 기후 변화에 기인한 경제적 원가 상승 - 현재 많은 보험회사가 테러[...]와 함께 기후변화에 대하여 [... 현실을 반영하여] 높은 보험료 책정'(BVET, 2009, p. 8).

그렇지만, 정부 및 기업체가 저탄소 경제에 의하여 제공된 경제적인 기회를 활용하려는 노력을 증대함에 따라, 이러한 기회를 이용하는데 요구되는 기술을 갖춘 노동력이 있어야 된다는 확신이 절대적으로 필요하다. 요구되는 기술의 증대는 고급의 전문적 기술을 갖춘 작업자에 대한 경쟁력을 증대시키는 것일 것이다. 민간 부문과 함께 정부에 의하여 개발된 기술 정책들은 신규 및 기존 작업자들에게 이러한 미래 성장 분야의 성공에 있어서 혜택을 받고 공유할 수 있다는 확신을 주어야 한다는 것을 인식하고 예상할 필요가 있다.

([1]) '녹색 기술, 녹색 직업: 남서 지역 저탄소 경제의 기회' 워크숍에서 인용, 영국 남서지역 기술과 학습 전망, 2009년 11월 27일

□ 현재 유럽의 정책 입안자들은 기술 및 훈련에 대한 그들의 지원이 녹색 개혁 및 녹색 기반시설의 투자 촉진 정책에 대한 집중 및 의욕과 일치한다는 것에 대한 확신을 가질 필요가 있다.

유럽 연합(EU)의 지속가능한 성장 및 직업에 대한 새로운 정책인 '유럽 2020'은 개혁과 녹색 성장을 경쟁력 강화 계획의 중심부에 두고 있다. 이것은 2008년에 시작한 청정 기술 및 기반시설 투자에 초점을 맞춘 약 2천억 유로의 촉진 자금이 투입되는 유럽 경제 회복 계획에 따른 것이다.

이 보고서에 다루어진 회원국들은 경제 활성화 정책을 건설, 자동차 분야, 에너지 효율화 및 재생에너지와 같은 동일한 유형의 활동에 방향을 맞추어왔다. 그러나 이보고서의 6개 회원국 중 어느 국가도 녹색 기술 수요를 명확하게 절대적인 국가 목표로 하는 전략을 가지고 있지 않다. 일부 회원국들은 이것을 수정하기 위하여 다른 국가보다 더욱 발빠르게 움직이고 있다. 예를 들면, 프랑스는 녹색 직업 활성화 최신 계획[2]을 출범시켰고, 영국 정부는 최근에 저탄소 기술 요구에 부응이라는 이름으로 자문 활동을 시작하였다(BIS, 2010).

□ EU 기술 토대의 근본적인 취약점은 '녹색 기술'의 노-하우를 가진 전문가의 부족보다는 녹색 성장의 능력과 더 많은 관련이 있다.

EU는 오늘날 경제에 있어서 생산성과 경쟁력을 제한하고, 녹색 성장으로 주어지는 기회를 활용하는 능력을 감소시키는 기술 바탕의 구조적 취약함으로 곤란을 겪고 있다. 이러한 관리 기술 및 기술적인 직업 특성 기술의 부족(이들 중 많은 것이 과학, 공업기술, 공학 및 수학과 관련이 있음[STEM])은 '신'녹색 기술의 부족보다 더 큰 관련이 있다.

실제적으로 저탄소 경제로의 전환에 필요한 결정적인 기술은 거의 새로운 것이 아니라는데 의견이 일치한다. 프랑스 교육부는 '오늘날 완전히 새로운 직무능력에 바탕을 둔 직업은 거의 없다.'라고 말하고 있다(교육부, 근간). 영국의 경영, 정치 및 환경 고위 합동 그룹인 알더스게이트(Aldersgate) 그룹은, 대부분의 환경 또는 저탄소 직업과 관련된 기본 기술은 이미 있는 것이며, 기술 투자에서 강조해야 할 것은 새로운 기술을 개발하는 것보다는 기존 기술을 개선하기 위한 훈련 과정을 개발해야 한다고 제안하였다.

---

[2] 녹색 산업 발전과 관련한 영역 보호 및 사업 활성화 계획

저탄소 영역에서 나타나는 기술 부족은 인력 구조 및 문화의 변화에 영향을 받고 있다. 일부 국가에서는 퇴직자를 대체할 수 있는 엔지니어가 부족하고, 결과적으로 주요 기반 프로젝트를 수행할 수 있는 기술을 가진 인력이 부족하다. 2008년도 독일에서는 64,000개의 기술자 일자리가 비워있었으며, 독일 경제 연구소의 계산에 따르면, 이것은 약 66억 유로의 비용이 더 들어간 것으로 추정되었다(노동인구변화 등. 2009). 기술자 활용도의 부족은 독일의 환경 분야에 있어서 가장 큰 문제점으로 남아 있고, 이것은 최근 수년간 학교 졸업자 수가 적고 또한 졸업자 중 소수 인원만 도제제도(부록2 참조)에 지원하는 것 때문에 더 악화되고 있다. 유럽 전반에 걸쳐 중등 및 제3차 교육과정에서 **STEM** 과목에 대한 인기는 하락하고 있다.

기본적으로, 대부분의 일자리들은 - 그것이 새로운 녹색 일자리로 분류되든지, 녹색 기술을 요구하는 기존의 직업 또는 새로운 훈련이 요구되는 직업이든지 간에 - 이미 매우 밀접한 관련 기술의 토대를 가지고 있으며, 단지 그들의 직무수행능력에 '조금만 더 추가'하면 된다. 이 '조금만 더 추가'라는 것은 부담이 되지 않는 차원에서, 작업자들이 저탄소 산업체에서 작업을 수행할 수 있도록 새로운 개념과 실습에 익숙해지게 하는 추가적인 훈련으로 해석할 수 있을 것이다.

이 보고서는 어떠한 직무를 완전히 다른 녹색 산업으로 전환하는데 있어서 작업자들에게 필요한 재훈련은 예상했던 것 보다 훨씬 적음을 보여준다. 사례 연구는 새로운 직무를 수행하는데 필요한 기술 개발은 종종 숙련도를 향상시키거나 기존의 핵심 기술에 일부를 추가하는 것임을 시사한다. 예를 들면, 조선소와 석유 및 가스 분야에 경험이 있는 작업자들은 그들의 용접, 표면 처리 및 의장 기술 때문에 나중에 풍력 터빈 산업체에서 이들을 아주 많이 찾는다. 표에서 주로 지식의 추가를 통하여 어떻게 기존의 직무를 새로운 녹색 직무를 수행할 수 있도록 기술향상을 시킬 수 있는지 보여준다.

표. 새로운 직업에 대한 기술향상 예

국가	직무	핵심훈련	향상기술	신 직무
덴마크	산업 전기기사/ 에너지기술자	직업교육훈련/ 공학 고등교육	에너지원 관련지식, 에너지 시스템 통합 능력, 프로젝트 관리	재생에너지 관리자

국가	직무	핵심훈련	향상기술	신 직무
덴마크	기계장비 조작공/ 산업 전기기사	직업교육훈련/ 중등 교육	조립, 부품 설치, 공구 사용	풍력-터빈 조작공
에스토니아	건설 작업자	직업적인 기준 없음	에너지시스템 지식, 자료 분석, 프로젝트 관리	에너지 감시원
프랑스	재활용 분야 작업자	직업자격 과정 수료(CQP)	분류 및 수납 기술, 공기 조절 및 적재 지식	폐기물 재활용 장치 조작공
프랑스	생산 설계 및 서비스	다양한 전공과 함께 22주의 기초 과정	설계 과정에서 환경 기준 적용, 복합 평가 및 생명 주기 분석	친환경디자이너
독일	전자/메카트로닉스 기술공	기초 직업훈련	전자 및 유압시스템, 안전관리, 운전 및 서비스	풍력 발전 기술공
독일	배관공/전기 및 난방 설치공	기초 직업훈련	기술훈련, 행정처리 지식, 경영 기술	태양에너지 사업자, 설치 공사 설계자
영국	에너지 기술자	공학 고등교육	저탄소 기술 적용 및 정비, 고객 응대 기술	스마트 에너지 전문가/스마트 에너지 관리자
영국	상인/중개인	고등교육	탄소시장 운용의 실무기술, 거래 수단의 이해	탄소시장 거래자/중개인

주로 요구되는 사업의 규모 때문에 기술을 적용하는데 상당히 큰 투자가 필요한 일부 분야가 있다. 이것은 에너지 효율화 및 제로-탄소 주거시설 건축에서 두드러지는데, 둘 다 정부의 법제화에 의하여 강력하게 추진된다. 기존의 노동력에 대하여 저탄소 요구조건을 만족시키기 위한 건설업계의 능력에 관한 염려는 무엇보다도 기술 향상이 요구되는 작업자의 숫자에 관한 것이다. - 비록 개인에게 요구되는 실제 기술이 상대적으로 적을지라도(Bird and Lawton, 2009).

기존의 기술들 및 보다 일반적인 기술에 추가적인 기술을 더하는 것과 관련하여서는, 저탄소 경제로 옮겨 가는데 있어서 보다 전문화되고 더 새로운 기술들의 출현은 덜 중요하다. 대응 기술 개발은 전체 작업자들의 일반적인 기술을 향상시키는 것뿐만 아니라 기존 기술들을 더욱 개선하는 것을 우선시 하여야 한다. 일반적인 기술이란 거의 모든 직업에서 요구되는 기술 - 예를 들면 리더십, 상업적인 의사소통 또는 경영 - 과, 어떤 직업에도 적용되어야 하는 일반적인 녹색 기술을 의미한다. 이것들은 새로운 환경관련 법규에 맞추어 작업장을 어떻게 준비하여야 할 것인지를 파악하는 것, 그리고 에너지 및 자원의 효율성을 향상시키는 것과 큰 관계가 있다.

□ 각 국가들은 저탄소 경제와 관련된 필요한 기술을 파악하는 것과 저탄소 경제에 부응하기 위하여 개발한 기술을 공급하는 것을 주도하고 있다. 다수의 회원국에서는 국가, 산업체 및 교육 기관들이 함께 문제점을 파악하고 해결 방안을 제공하는 방식의 협력 접근법이 부상하고 있다.

이 보고서에서 다루어진 6개 회원국은 필요한 기술을 파악하는 접근 방법이 전반적으로 다양하다. 덴마크는 필요 기술을 파악하는 것이 기본적으로 노동시장 정보 및 외부 연구를 활용하는 각 직종 위원회의 책임으로 되어있다. 프랑스는 감시위원회가 고용 창출 및 훈련 예측에 의하여 고용 및 훈련정책을 결정하는 사회적 파트너를 돕는다. 에스토니아에서는 매년 정부 부처가 노동 수요예측을 업데이트 한다. 영국은 통상산업부가 필요한 기술 인력을 산정하는 책임을 지고 있으며, 이 정보를 대학에 전달하기 위해 대학과 아주 밀접하게 협력하는 역할을 한다(BIS, 2010).

이 보고서는 각 국가의 경제 발전을 위해 필요한 기술이 어떻게 파악되는지를 총체적으로 기술하고 있다. 또한 이 보고서는 이러한 도구, 접근법, 시스템 및 책임 기관이 현재 및 미래의 녹색 일자리 노동시장에 필요한 기술을 명확하게 밝혀주는 것은 아니라고 지적한다. 한 가지는 분명한 점은 각 국가들이 탄소 경제에 있어서의 직업에 필요한 기술을 파악하기 위해 다른 파트너 -산업체 및 대학교와 직업훈련기관과 같은 교육기관- 와 협력하여 최대한의 노력을 해왔다는 것이다.

덴마크, 스페인, 프랑스 및 영국 등 4개국에서는 국가가 저탄소 경제의 직업에 필요한 기술을 파악하는데 중추적인 역할을 하고 있다. 국가 관계자들은 그 지역의 강점과 약점을 인지하기 위해 잘 포진되어 있으며, 적절한 대응 방안을 제공하기 위하여 산업체, 연구기관 및 교육기관들의 핵심 관계자들을 소집할 수도 있다.

지방 정부는 종종 인센티브를 제공할 수 있으며, 새로운 기술 개발을 지원하고, 보다 자세한 지역 특성을 파악하고 있다. 이들 사례 연구는 기술의 차이 및 기술 부족을 파악하고 이것을 반영한 훈련 정책을 개발하기 위해 지자체가 산업체와 밀접하게 업무를 수행한다는 - 어떤 경우에는 고용주로 하여금 필요한 정보를 수집하도록 조치한다(예, 덴마크, Lindoe) - 것을 보여준다.

영국에서는 다수의 저탄소 경제 지역들(LCEAs)을 만드는 것을 통하여 지역 차원의 참여를 중앙 정부가 권장하고 있다. 이들 LCEAs는 영국의 국제 경쟁력을 확보하기 위하여 각 지방의 특별 지역 및 산업 자산을 자본화할 의도로 만들어진 것이다. 이것은 저탄소 기술에 대한 사업주의 욕구를 자극하며, 저탄소 산업체의 성장을 가속화하고 연대시키는데 초점이 맞추어져 있다. 또한 LCEAs는 기술 투자를 이끌어내고, 노동시장 정보 부족을 메우며, 광범위한 기술 시스템을 위해 기술 해결방안을 제공하기 위한 의도로 만들어진 것이다.

□ 대응 기술 개발은 기존 직무능력에 일부 기술을 추가하고, STEM의 핵심 기술을 강조하는데 초점을 맞출 필요가 있다.

일자리와 기술에 관하여 '녹색'이라는 단어를 사용하는 것은 도움이 되지 않으며, 현재의 재정 환경에서 일자리 창출의 촉진자로서의 '녹색'이라는 단어를 표방하면서, 저탄소 경제 분야에 일을 하려는 학생 및 도제생을 끌어 모을 때만이 진정으로 가치가 있다(Bird and Lawton, 2009). 저탄소 직무와 저탄소 직무가 아닌 것의 경계는 경제 활동이 자원의 효율성을 개선하는 것이므로 점진적으로 허물어져가고 있으며, 이 보고서에 나타난 것처럼, 저탄소 직업과 관련된 대부분의 바탕 기술은 기존 직업에서 찾을 수 있는 것들이다. 그러므로 전략적인 기술 대응 방안은 새로운 직무능력을 개발함으로써 '바퀴를 새로 갈아 끼우려고' 노력하는 것보다는 현재의 직무능력 위에 일부 기술을 보태는 쪽으로 초점을 맞추어야 한다.

이러한 이유로, 녹색 기술이 요구되는 기존의 직업인 새로운 녹색 직업과, 사양화 되고 재훈련이 요구되는 직업과의 구분은 상대적인 것이며, 해당 국가의 경제의 녹색화 상황 및 단계에 크게 의존한다. 우선, 대응하는 일련의 직무 기준이 일부 부족한 직무는 새로운 기준을 만들 필요가 없다. 어떤 직업이 '새로운' 직업인지 아니면 단순히 약간의 새로운 작업 요소를 갖는 기존 직업인지에 대하여는 회원국 전문가들의 의견이 일치하지 않는다. 예를 들면 에스토니아에서는 에너지 감시관을 새로운 녹색 직업으로 간주하지만, 독일에서는 생긴 지 오래된 직업인 감시관의 직무를 단순히 변환한 것으로 본다. 게다가, 사양 직업에 종사하는 사람들의 기술을 쓸모없는 것으로 만들 필요가 없을 것이다. 반대로, 한 가지 산업에서 다른 산업까지의 다양성을 다룬 사례 연구는, 이러한 사양 직업의 기술이 새로운 직업에 있어서 아주 가치 있는 기술이 된다는 것을 제시하며, 특히 재생 에너지 분야의 공학기술 및 정비 직무가 그러하다. 그들이 가지고 있는 기본 직무능력의 대부분은 새로 출현하는 저탄소 분야로 직접적으로 이전 가능하다.

대부분의 근로자들이 각자 자기의 필요에 맞춘 수강 및 접근 가능한 학습 모듈을 통하여 자신의 현재 기술들을 보충한다는 것을 확실히 하는데 초점을 맞출 필요가 있다. STEM 기술을 포함한 핵심 기술은 중등 및 고등 교육 과정에서 향상시킬 필요가 있는 데, 이것은 이들 학습 과정이 고급 저탄소 기술의 기초를 제공하기 때문이며, 공학 기술은 정부와 기업체가 공동으로 재교육을 실시하는 것이 보다 효과적이다.

정부는 기업체의 수요에 맞춘 훈련 성과물을 창출하기 위하여 학습자, 훈련제공자 및 고용주가 보다 긴밀히 연계하는 것을 책임지는 역할을 한다. 이론보다는 실무에 더 큰 중점을 둘 필요가 있다. 직업교육훈련(VET) 제공자는 학생들이 기업체에 잘 적응하도록 실무 기술을 향상시키기 위해서는 기업체와의 연계를 강화해야 한다.

더욱이, 일반 직무기술들 -예를 들면 경영, 리더십, 의사소통-과, 일반적 녹색 직무기술 -작업장에서의 자원 효율성 개선 및 환경관련 법규를 이해하는 것과 같은-은 모두 직무기술이라는 점에서 동등하게 중요하다. 이 두 가지의 직무기술에 대한 훈련을 강화하는 것은 고도로 전문화된 일부 기술 분야에 종사하는 사람을 제외하고 거의 대부분의 작업자에게는 필수적인 것이다.

3. 결론 및 권고

조사된 회원국 중 어느 국가도 환경 정책 및 프로그램의 한 부분으로 통합적인 기술 대응 정책을 수립하지는 않고 있다. 가끔, 잠재력을 개발하기 위한 대응 기술의 필요와 관련하여 이들 정책의 긍정적인 고용 효과가 언급되지만 통합된 최우선의 기술 정책은 없다. 프랑스가 최근의 녹색 일자리 활성화 계획([3])으로 이점에서 가장 앞서가고 있다. 노동 시장에서 시스템적으로 취약한 기술 정책은 갱신되고 있으며 녹색 일자리에 도움이 될 것이다.

([3]) 녹색 산업 발전과 관련한 영역 보호 및 사업 활성화 계획

저탄소 경제를 위한 필요한 기술을 확인하고 예측하기 위해 분야별로 접근하는 것은 충분하지 않으며, 녹색 기술의 새로운 시장을 개척하는데 있어서 개혁 및 성장 잠재력을 놓칠 수도 있다. 덴마크 그런포스(Grundfos)사의 예는 서비스 제공의 새로운 유형을 자기들의 핵심 직무능력으로 개발할 수 있다는 것을 보여주는데, 기술이라는 좁은 영역에 초점을 맞추었다면 결코 개발할 수 없을 것이다. 그러므로 필요한 기술을 확인하는 데는 여러 분야에 걸쳐서 조망하는 것이 아주 중요하다.

국가 및 지방 정부는 저탄소 기술(예; 덴마크의 풍력 에너지)에 대한 각국의 원동력은 고용 조정, 기술 향상 및 개혁 정책을 통하여 시스템적으로 일자리 창출을 조장하는데 활용된다는 것을 확신시키는 선도적인 역할을 할 필요가 있다. 또한 이들은 최근 스페인의 태양광 발전 산업의 붕괴가 보여주듯이 보조금 및 관세 지원과 같은 지원 정책의 철회가 미치는 영향에 대하여 잘 알아야 한다.

지방 정부는 괄목할만한 성과를 달성하고 최상의 실무로 간주될 수 있는 성공적인 공공-민간 정책을 개발하면서, 포괄적이고 조직화된 대응 기술을 제공하는데 앞장 선다. 시너지를 창출하고 이러한 최상의 실무를 전파하기 위하여 국가적으로 조정된 지역 훈련 센터의 네트워크를 만드는 것은 훈련 과정의 설계와 지역 간 작업자들의 이동을 용이하게 하는 요소가 될 수 있다.

미래에는, 자원의 효율성에 대한 지속적인 개선에 따른 다양한 등급을 부여하면서, 모든 직업이 녹색 직업이 될 것이다. 어떤 직업의 환경적인 영향을 이해하는 것이 교육 및 훈련의 주류가 될 필요가 있다. 기존의 훈련 과정에 지속가능한 개발 및 환경적인 문제를 융합하는 것이 새 훈련기준을 개발하는 것보다 훨씬 더 효과적이다. 모든 새로운 도제훈련과정은 저탄소 교과항목을 가져야 하며 현재 호주에서는 이렇게 하고 있다.

훈련 방법을 다양하게 확대하는 것은 권장할 필요가 있다. 프랑스에서 시험 중인 에너지 효율화 훈련에 공헌하는 온라인 자료관 및 대화식 훈련 도구(FEE Bat initiative)와 같은 이-러닝은 다른 회원국들도 촉진해야 하며, 이것은 많은 작업자들이 대응 기술 개발에 쉽게 접근할 수 있도록 하는데 도움을 줄 것이다.

제1장 환경변화 및 기술대응전략

 기후 변화는 회원국 모두에 있어서 주요 환경정책의 최우선 사안이며, 종종 물 부족이나 에너지와 같은 다른 환경적 압박 및 정책 영역들과 연관된다. 기후 변화를 다루고, 경제 위기 대응책으로 채택된 국가 경기부양 패키지를 통하여 저탄소 경제로 나아가는데 아주 많은 돈이 들어가고 있다. 녹색 진흥 지출은 빌딩의 에너지 효율화, 재생 에너지, 저탄소 자동차 및 친환경 운송 등에 초점이 맞추어지는 경향이 있다. 비록 모든 회원국의 일반적인 정책 보고서에서는 기후 변화 및 저탄소 정책에 대한 기술의 중요성을 인식하고 있지만, 환경을 위한 전략적인 기술 대응이 최우선시 되는 경우는 거의 없다. 예외적으로 프랑스는 녹색 직업 활성화를 계획을 시행해 오고 있으며, 영국은 현재 하나의 정책을 협의하고 있다.

1.1 환경변화 및 정책

> 모든 회원국이 연구한 환경 변화 중 가장 우세한 것은 기후 변화이다. 스페인에서는 기후 변화가 수년간 가장 중요한 환경 문제이다. 에스토니아에서는 기후 변화가 환경 문제에서 큰 범주를 차지하는 것 중의 하나이다. 다른 회원국에서는 기후 변화 정책이 잘 제정된 환경 정책의 연장선상에 있음을 보여준다.

 6개 회원국에서 보고된 환경 문제에 대한 대처는 유사하다; 2차적인 정책 수단으로 결과적으로 에너지 생산 분야 및 에너지 사용 영역에 가장 큰 초점을 두어 기후 변화의 완화 및 유력한 대처 방안을 적용한다.
 덴마크, 독일, 프랑스 및 영국에서는 넓은 범위에서 환경 문제가 잘 이해되고 있으며, 수십 년 동안 환경 정책 및 규정이 잘 개발되어온 양상을 보인다. 이것은 번갈아 일자리 수의 증가 및 부응하는 대응 기술의 수요를 창출하는 잘 개발된 환경 친화적 기업체를 만들어 왔다. 이러한 경우에는 새로운 환경 친화적 활동에 대한 새로운 노동시장 관리가 필요하지 않다.

스페인도 환경 문제 및 대응 정책을 정의하고 정형화 해온 과정은 유사하다. 그러나 부분적으로 구조 및 결합 자금(Structural and Cohesion Funds)의 효용성 덕분에 지난 15년간에 걸쳐 환경적인 수요 및 대응에 대한 정의는 광범위하게 확산되었다. 동시에 고온현상에 의한 명확한 기후 문제, 적은 강수량과 높은 해수면은 에너지 및 수자원 관리에 초점을 두는 뚜렷한 정책을 이끌어 내었다.

전에 구소련 통치하에 있다가 새로운 회원국이 된 에스토니아는 환경 정책 및 규정 개발과 환경 분야와의 결합이 초기 단계에 있다. 구조 조정 자금은 환경의 필요성 규정 및 기초적인 환경 기반 시설 투자에 집중토록 하였다. 동시에 역사적인 공해 유산은 환경 문제를 아주 명확하게 해 주었다. 에스토니아의 특징은 심각한 환경 문제를 유발하는 오일 셰일로부터 오일을 추출하는 것이다. 자원 활용의 경제적 중요성은 환경 영향을 최소화 하는 것을 최우선으로 하여 투자하여야 한다.

1.2 녹색 경기부양 정책

> 모든 회원국이 녹색 경기부양 정책을 도입한 것은 아니다. 정책들은 에너지 효율성(특히 빌딩에서), 저탄소 수송수단(부분적으로 구조조정 이익으로 도출된) 및 보다 환경 친화적인 운송수단(철도, 수로)과 같은 형태의 활동에 목표를 두었다.

경제 위기에 대응하기 위하여 계획된 경제 프로그램의 한 부분으로, 독일, 프랑스, 스페인 및 영국은 '녹색 경기부양 정책'을 포함시켰는데 이 정책은 주로 빌딩에서의 에너지 효율화, 저탄소 운송수단 및 다른 형태의 환경 친화적 수송수단을 주로 하여 명확하게 환경과 관련된 투자를 바탕으로 한다.

덴마크와 에스토니아는 명확하게 환경에 초점을 두는 투자 정책을 개발하지는 않았다. 덴마크는 '경기부양'을 약 30억 유로에 달하는 세금의 감면에 바탕을 두었다. 에스토니아는 수출 분야의 지원과 건물의 에너지 효율성을 제고하기 위한 목적으로 약 3억9천만 유로를 사용하였지만, 뚜렷하게 경기부양이 되지 않은 결과로, 2011년 유로존에 가입하기 위한 국가 예산의 부족분을 맞추는데 중점을 두고 있다.

표 1. 각 회원국의 녹색 경기 부양 정책 및 주요 구성 항목 개요

국가	정책	전체 자금 및 녹색 투자 비율	구성항목	특이사항
덴마크	두 개의 경기부양 정책 (2008년 11월 및 2009년 1월)	1천억 유로 13.2%	에너지 효율화(빌딩); 저탄소 운송수단(신차 교체 장려금, 저탄소 엔진 개발 융자, 배출 가스 기반 자동차 과세 제도); 대중교통 시스템	EU에서 기후 관련 주제에 가장 많은 예산이 들어가는 가장 큰 경기부양 정책
프랑스	경제회생 정책 (2008년 12월)	2백6십억 유로 21.2%	에너지 효율화(빌딩); 저탄소 운송수단(신차 교체 장려금, 저탄소 차에 대한 포상금, 고속철 투자); 재생에너지; 전력망 기반시설	EU에서 기후 관련 주제에 가장 높은 비율의 자금 할당
영국	경기회복 계획 (2008년 11월) 자동차 산업에 대한 추가 지원	2백21억 파운드 6.9%	에너지 효율화(빌딩; 신수송; 영국 수로 망; 저탄소 운송수단; 신차 교체 지원); 2027년부터 2037년까지 재생에너지 의무 확대; 홍수 방지 기금	
스페인	경기부양 정책 (2008년 11월 및 2009년 10월)	1백6십억 유로	물/쓰레기 기반시설; 환경, 개혁 및 사회정책 프로젝트	2010년에 '녹색화 초점'과 함께 발전 가능성으로 제시된 경기부양 지출의 다른 고리
독일	세금 감면 (2009년 6월)	3십억 유로 산정 불가	공식적으로 경기 부양 정책이 아님	경기부양 계획을 바탕으로 한 세금 감면
에스토니아	채택된 경기부양 정책 없음	기초 직업훈련	전자 및 유압 시스템, 안전관리, 운전 및 서비스	약 3억9천만 유로를 수출 및 빌딩의 에너지 효율 향상에 지원함 (단지 부분적으로 채택)

출처: 회원국 보고서

1.3 최근 환경정책 및 프로그램에 대한 분야별 초점

> 모든 회원국은 기후변화에 가장 큰 초점을 두면서 '녹색화 잠재력' - 빌딩의 에너지 효율화, 재생 에너지, 건축 및 수송 - 이라는 동일한 분야에 초점을 맞추고 있다.

모든 회원국은 에너지 효율화, 특히 빌딩의 에너지 효율화와 함께 재생 에너지를 최근 환경 문제의 최우선 순위로 하고 있다. 이것은 온실가스 감축 분야의 중요성을 반영한 것뿐만 아니라 국가 에너지 안정성을 키우고 고용을 창출하는 잠재력을 가진다.

또한 자동차 분야는 일자리 및 산업체를 위한 신차 생산의 구조조정 및 투자 이점 때문에 독일, 프랑스 및 영국에서는 주요한 우선순위가 되었다.

또한, 친환경적 기반시설, 생산품 및 서비스에 대한 국가 자금 투자 프로그램, 공익사업 및 제조업에 주된 투자가 계속하여 이루어지고 있다. 이러한 활동은 비록 평소와 크게 다르지 않고 따라서 필요한 기술에 대응할 수 있는 특정한 노동시장이 필요한 것은 아니지만, 최소한 더욱 크게 주목을 끄는 경기부양 정책임은 분명하다.

1.4 환경정책 및 프로그램의 한 분야로서의 기술 대응 정책의 발전

> 조사된 회원국 중 어느 국가도 환경 전략 및 프로그램에 통합된 기술 대응 전략을 통합해서 넣지는 않았다. 종종 이 전략이 고용에 미치는 긍정적 효과가 잠재력 개발을 위한 기술 대응의 필요성과 관련하여 언급되지만, 기술 전략을 최우선으로 하지는 않는다. 프랑스는 최신 녹색 직업 활성화 계획으로 이점에서 가장 앞서 있다. 노동시장에서의 구조적 취약성에 역점을 두는 기술 전략은 업데이트 되고 있으며, 녹색 일자리 창출에 도움이 될 것이다.

환경 전략 및 프로그램의 일부 개별 대응 기술 훈련을 포함하여, 직업 교육 및 고등교육 시스템에서 다양한 환경 관련 프로그램을 지속적으로 개발함에도 불구하고, 녹색 경제에 필요한 기술을 목표로 하는 명확한 국가 전략은 없다. 회원국들에서 기술 강화 훈련의 필요성을 규정하는 공공 전략 계획은 발견되지만, 관련 직업에 필요한 기술을 규정하는 최우선시 되는 포괄적인 기술 훈련 전략은 없다.

모든 회원국들은 기후 변화 정책이 충분히 효과를 발휘하고 경제 및 고용 목표를 실현할 수 있도록 하기 위해서는 기술 개발이 중요하다는 것을 알고 있다. 그러나 프랑스의 신 계획(녹색 직업 활성화를 위한 - 박스1)을 제외하고는 어느 국가도 환경에 대한 기술 대응 전략을 가지고 있지 않다.

환경문제에 따른 기술 요구에 잘 대응해 온 회원국들은, 특별히 재생 에너지 및 에너지 효율화 프로그램과 관련된 당면한 단기의 일부 정책을 제외하고는, 요구되는 기술을 예측하고 부응하는 기존의 시스템이 충분하다고 믿는다. 스페인은 국가 시스템은 덜 발달되었지만, 고용 변화를 촉진하는 기후 변화 정책을 만들어서 시행하는 강력한 지자체에 의하여 최소한 부분적으로 보완이 되고 있다.

기존 시스템이 충분하지 못하다고 간주되는 것은, 특별히 환경 분야이기 때문이라는 것보다는 구조적인 취약점에 의한 것으로 생각된다. 회원국들이 비록 환경 분야에 도전을 하더라도 전반적으로 경제 활동 및 노동시장의 효율성을 훼손하는 노동시장과 관련된 공통적인 문제점들이 있다. 이러한 문제점에는 노동인력 수요 예측과 대응 기술의 통합이 취약한 것과 과학 및 공학의 기술교육 훈련을 향상시키지 못하는 것이 포함된다.

박스 1. 프랑스의 녹색 직업 활성화 계획(2009)

이 계획의 목적은 Grenelle 원탁회의에서 제안된 2020년까지 만들어질 60만개의 녹색 일자리에 맞추어 기존의 훈련 프로그램 및 자격을 적용하고, 필요하면 새로운 훈련 과정 및 자격을 신설하는 것이다. 신설되는 관련 일자리는 모든 교육 단계에서 접근할 수 있어야 한다. 이 계획은 4개의 주제로 구분되어 있다:

(a) 관련 직업의 확인 - 이것은 새로운 직업과 관련된 분야를 파악하고, 그 범위를 정하기 위한 국가 조사기관을 설치하는 것을 포함한다;

(b) 필요한 훈련의 정의와 훈련과정 및 자격 경로 설정 - 이것은 직업 기술을 인정받게 해 줄 것이다. 유효한 초기 훈련, 평생 학습 및 인정된 경력의 평가는 관련 직업의 평가 기준과 고용주가 요구하는 친환경적 개발 기술을 창출하게 하고, 기술 적용에 필요한 도구를 설정하게 할 것이다;

(c) 친환경적 개발 일자리 고용 - 구직자들이 현재 요청을 받았지만 기술 부족으로 취업을 할 수 없는 많은 일자리의 요구조건을 충족시키는데 도움을 주는 활동;

(d) 녹색 성장 직업의 진흥 및 개발 - 2010년 1월에 개최된 녹색 직업에 관한 의회에서 프랑스 대통령이 발표하였음.

이미 적절한 기술의 부족, 특히 건축 산업에서의 기술 부족이 새로운 직업의 성장을 방해하는 것으로 나타남에 따라 이 계획은 필수적인 것으로 간주된다. 회사는 자격이 있는 기술 인력을 구하려고 치열한 경쟁을 하고 있다. 졸업자 중에서 에너지 효율화와 관련된 교육을 받은 사람은 극소수이고, 전문가들이 항상 새로운 기술에 익숙한 것은 아니다.

출처: Grenelle 환경법(2009)

제2장 기술 요구의 출현

환경에 대한 관심 또는 사양 시장 때문에 녹색 구조조정이 되고 있는 분야는, 일반적으로 녹색 생산품 및 서비스 성장 시장의 이점을 활용하기 위한 생산 모델을 조정할 수 있었다. 새로운 녹색 직업(에너지 감사관 같은)이 신설될 때 마다 또는 기존 녹색 직업(농업 및 산림 같은)이 한층 더 녹색 직무능력을 요구할 때마다 기존 훈련 시스템은 새로운 기술 요구에 대처했다. 일반적으로 직업 내용에 새로운 또는 추가적인 녹색 기술을 포함시키는 것은 기존의 기술에 녹색 기술을 덧붙이는 것으로 해결할 수 있다.

2.1 녹색 구조조정

> 유사한 경험과 함께 녹색 구조조정을 한 예는 모든 회원국에서 확인되었다. 기술 부족은 생산자들에 의하여 큰 문제점 없이 처리되었으며, 기존의 분야별 지원 제도에 의하여 도움을 받았다.

산업의 구조조정에 부합하는 교육 및 훈련을 포함한 노동시장 정책은 모든 회원국에서 잘 개발되어 있다. 심지어 에스토니아는 이러한 유형의 정책에 대한 경험이 일천하여도, 산업의 구조적 변화에 순응하고 관리하는 과정의 일환으로 고급 기술에 대한 투자의 필요성에 중점을 두고 있다.

조사된 회원국의 녹색 구조조정에 대한 관련 경험은, 사양 시장에 직면한 전통적인 기업체가 환경 우선 정책에 의하여 만들어진 시장을 활용하기 위하여 그들의 생산 모델이나 공정을 새롭게 할 수 있는 활동은 거의 없다는 것에 초점을 맞추는 경향이 있다(박스 2).

대개는 관련 기술의 부족에 의하여 이러한 전통 분야가 본질적으로 제한을 받는 것이 아니라는 것에 초점을 다시 맞추지만, 동시에 생산자들은 요구되는 새로운 기술을 파악하고 대응하는데 투자를 하였다. 각 분야와 관련된 현재의 훈련 시스템으로 잘 대처할 수 있었다.

박스 2. 녹색 구조조정

직업 및 기술 형태의 구조조정은 중공업, 제조업, 전력 및 수송 산업에서 나타났다. 이러한 구조조정이 효율적으로 다루어진 분야의 예는 다음과 같다:

(a) 근해 풍력 발전소 건설 및 전력공급과 정비를 포함하여 근해 재생 에너지 산업에 초점을 맞춘 조선 및 관련 해양기술 산업.

덴마크에서는 Lindoe 조선소의 폐쇄에 기인하여 공공기관 및 에너지 분야가 Lindoe 지역 노동력의 새로운 일자리 창출 수단으로 근해 재생에너지 작업자를 재훈련시키기 위한 포럼을 설치하였다.

영국의 조선업체인 Harland & Wolff사는 근해 풍력 발전소용 터빈, 파 및 조력에너지 장치와 같은 재생 에너지 제품 영역까지 확장하는 다양한 마케팅 전략을 활용하였다;

(b) 온실가스 배출을 줄이고 고객의 요구를 충족시키는 하이브리드 자동차에 초점을 맞춘 자동차 제조업 및 관련 부품 공급 망.

많은 유럽 자동차 제조업체들은 상용으로 저탄소 자동차를 개발 및 생산하고 있다. 이것은 새로운 기술이 요구 되었는데, 독일의 BMW 생산 공장의 하이브리드 기술에 대한 훈련 제공, 닛산 및 북동 잉글랜드 지자체, 프랑스의 Heuliez 전기 자동차 제조업체의 저탄소 기술 훈련 센터 설치에서 알 수 있다;

(c) 오일 건류산업 및 전력생산에 있어서, 새로운 기술과 관리 시스템을 채택함으로서 효율성을 증대하고 공해를 감소시키려는 조치들은 새로운 기술을 요구하고 있다.

에스토니아는 새로운 오일 셰일의 공급 망과 향상된 생산 및 건류 과정에 걸쳐서 공해를 최소화하기 위해 오일 셰일 산업과 관련된 고등 교육 프로그램을 재편하고 조정하였다. 에스토니아 에너지 회사인 Eesti Energia는 관리 원칙과 친환경적 실무를 한층 더 강화하기 위한 목적으로 고용자에 대한 훈련 프로그램을 개발하였다.

2.2 새로운 직업과 기존 직업의 녹색화

> 새롭게 환경문제에 의하여 만들어진 직업과 기존 직업을 녹색화한 것 사이의 구분은 종종 입증하기가 어렵고, 구분을 함에 있어서 명백한 요소를 필요로 한다. 대부분의 회원국들에 있어서 환경 문제가 유발한 기술 요구를 확인하고 대응하기 위한 시스템은 이미 잘 갖추어져 있다.

각국 보고서에 의하면, 새로운 직업과, 기존 직업의 진화 및 변화 사이의 구별을 짓기 위한 노력을 함에 있어서 일반적인 문제점들이 있다. 환경 정책 및 프로그램은 아마도 별개의 직무능력을 가지는 완전히 새로운 직업을 만들지는 않을 것이다. 그러므로 이것은, 새로운 직업인가 또는 기존의 직업인가를 구분할 수 있는 직무능력 내용에 얼마만큼 새로운 기술이 추가되고 변화가 되었는지 하는 정도의 문제이다.

박스 3. 새로운 녹색 직업 - 새 병에 오래된 포도주 넣기?

> 이 보고서에 다루어진 영역에서는 녹색 직업을 위한 온전히 새로운 기술 세트는 발견되지 않았다. 새로운 녹색 직업은 기존의 직업에 새로운 기술을 더하는 것으로 나타나거나, 전통적인 여러 분야에 걸쳐 적용되는 직무능력으로 전개되는 경향이 있다. 덴마크의 세계적 펌프 제조회사인 Grundfos는 공학 기술과 분석 기술을 통합함으로서 어떻게 기존의 직무능력으로부터 새로운 다양한 분야의 자격이 나타나는지를 보여주는 예이다.
>
> Grundfos사는 제조업체이지만, 최근의 사업 성장 바탕은 서비스 제공에 있어서 새로운 형태의 핵심 직무능력을 적용하는 것이었으며, Deutsche Bahn(독일 철도회사)와 계약을 맺고 이 회사의 에너지 사용을 개선할 목적으로 모든 사업 영역에 걸쳐 에너지 소비 형태를 분석하였다. Grundfos사는 에너지 시스템의 분석이 주요한 새로운 글로벌 서비스 시장이 될 수 있을 것으로 예상한다. Grundfos사의 에너지 소비 최적화를 위한 새로운 직업은 어느 정도 빌딩 서비스 기술공의 기술 형태와 유사하다.
>
> 이것은 순수하게 한 분야만의 기술 예측 접근 방법으로는 회사가 여러 분야로 서비스를 확장하고 새로운 시장에 진입하는 혁신과 성장 잠재력을 키워가는 데 종종 불충분할 것이라는 것을 보여준다.

이것은 부분적으로 장기적인 환경 정책을 반영한 것이며, 환경 문제로 야기된 직무능력 및 관련 자격을 정하기 위한 조직이 이미 만들어진 환경 산업의 발전과 관련된 것이다. 독일, 프랑스 및 영국에서는 새로운 직업으로 정의를 내리기 위한 영역이 가장 좁은 것 같다.

박스 4. 청정기술 직업의 직무수행능력

모든 회원국에 걸쳐 투입 재료, 쓰레기 및 에너지 소비를 줄이면서 작동 성능과 효율성을 개선하는 제품 및 서비스를 위한 지원을 증대해오고 있다(청정기술). 이것은 새로운 직업, 예를 들면 재생에너지 시스템의 관리자 및 운용자와, 혼합 또는 복합직업, 예를 들면 에너지 감사 및 효율성 서비스와 같은 직업을 만들었다. 이러한 직업에 필요한 기술은 완전히 새로운 것이 아니며 종종 관련 직업의 기술을 융합한 것이다.

Brøndum & Fliess의 연구(2009)는 덴마크의 생태 친화적 해결방안으로부터 새로운 시장 기회의 결과에 따라 나타난 새로운 직업 형태를 검토하였으며, 다음과 같은 청정기술 직업을 특정지우는 12개의 직무수행능력을 찾았다:

(a) 핵심 직업 지식(공정, 공학기술, 재료, 시장 및 시장 역학);

(b) 시장 및 사용자 행동양식의 이해(해법 명세);

(c) 글로벌화에 의한 영향 - 경쟁력 우위, 사업 모델, 동반자관계;

(d) 혁신(공정, 제품, 사업 모델);

(e) 정보통신기술(ICT);

(f) 생산 공학기술 지식 - 설치 및 정비;

(g) 재료공학 지식, 예를 들면 대체 재료, 재료의 재활용;

(h) 환경, 기후, 지속가능성;

(i) 의사소통 - 영어 및 팀 협력 포함;

(j) 공정 및 계획;

(k) 자동화;

(l) 시험 및 서류작성

각국 보고서는 주로 새로운 에너지 세부영역의 출현을 반영하는 신재생에너지 분야의 확장에 의하여 나타난 직업, 또는 덴마크처럼 새로운 사업 모델의 채택과 관련된 직업(대표적으로 제품의 생산보다는 서비스에 더 중점을 두는)을 정의하는 경향이 있다. 에스토니아는 경제를 대규모로 현대화 하면서, 산업체 생산성 및 노동력의 기술향상에 대한 투자에 전력을 다함에 따라, 특정 환경문제에 따른 직업의 출현은 활성화 되지 못한 추세였다.

직무의 녹색화는 기존의 직무에 다른 직무를 추가하거나, 빼거나 또는 변화를 줌으로서 만들어지며, 종종 기존 직무의 변형(또는 때때로 환경 관리 직무를 추가시키는 것처럼 둘 또는 그 이상의 직업을 융합한 것)이나, 직업의 전문성을 강화(수자원이나 폐기물 분야에서 공학기술 및 처리방법이 더욱 향상되는 것처럼)하는 것으로 인지되었다.

또한 녹색화는, 개선된 생산 방법 및 새로운 공학기술(덴마크는 청정기술이라고 함)이 요구되면서, 생산자가 환경에 대하여 더 많이 알고 자원의 효율성을 제고해야 하는 일반적인 요건에 따라 전반적으로 산업체와 관련이 있다. 이런 광범위한 요구는 아마도 저탄소 산업을 포함하여 세계적으로 중요한 공학기술 및 분야에 대한 산업의 연구개발 투자에 초점을 맞추려는 영국 산업 활동에서 가장 뚜렷하게 나타난다. 이것은 또한 에스토니아의 산업 투자 정책에도 내재되어 있다.

2.3 녹색 기술 수요를 창출하는 직무 녹색화의 개요

녹색 기술 수요를 창출하는 특정 직무의 범위가 각 회원국의 사례 연구에서 확인되었다. 이들 직업과 관련 분야 현황을 표2에 요약하였다.

표 2. 녹색 기술에 관한 각 회원국의 사례 조사 개요

분야	직업	DK	DE	EE	ES	FR	UK
신설							
공정 산업	연구 및 훈련	√		√			
전력	재생에너지 관리			√			
	태양 에너지	√	√		√	√	
	풍력 발전		√		√		
폐기물	폐기물 재활용					√	
서비스	녹색 사업 관리		√				
	에너지 감시/스마트 에너지			√		√	√
녹색 산업							
1차산업	농업 및 어업				√	√	
	산림/국토관리	√		√			√
전력	해양공학 기술						
	전력공학 기술				√		
	원자력						√
수처리	담수 설비 정비				√		
폐기물	재활용 및 폐기물 관리	√	√				
건축	건축 분야 직업의 기술향상 계획					√	
	공학 설치자				√		
	시스템 정비사			√			
서비스	생태 설계					√	
	에너지 감시			√			
	탄소 거래						√
구조조정/재훈련							
건류 산업	오일 셰일 광업			√			
공정 산업	화학 기술공	√	√				
제조업	조선업에서 풍력 터빈 제조업으로(다양화)						√
전력	태양 에너지 기업	√			√		
	전력공학 기술			√			
운송	저탄소 자동차		√			√	√

DK: 덴마크, DE; 독일, EE: 에스토니아, ES: 스페인, FR: 프랑스, UK: 영국

제3장 예측되는 필요 기술에 대한 접근

 회원국의 미래 필요 기술을 파악하기 위한 체계는 잘 설정되어 있으며, 공식 자격이나 분야별 훈련 시스템을 근간으로 하여 조직되는 경향이 있다. 녹색 기술의 파악은 이들 시스템에 의하여 총괄적으로 되는 것이 아니라 대부분 하부 국가 차원에서 그때그때 이루어진다. 주로 지방 및 지역 당국, 분야별 기관 및 심지어 회사 자체적으로 녹색 기술을 처음 인지한다. 그러나 종종 필요 기술을 예측하기 위한 협력이나 공식적인 체계가 부족하다.

3.1 도구 및 제도 체계

> 대부분의 회원국에 있어서 대응 기술을 위한 토대로서 필요한 기술을 개략적으로 파악하는 것은 개선을 할 필요가 있다. 이 개선은 환경문제에 따른 기술 요구에 관계되는 만큼 일반적으로 경제하고도 관련이 있다.

 덴마크, 독일 및 프랑스는 교육 및 훈련에 필요한 기술의 변화를 반영하기 위한 제도적인 체계가 잘 갖추어져 있다. 이 체계는 양적인 예측, 질적인 요구 기술의 평가와 교육 훈련 제공자들과의 공식 및 비공식 대화를 결합시킨다. 이들 체계는 자격 시스템과 설정된 분야별 직무를 근간으로 설정되는 경향이 있었으며, 사회적 파트너의 유력한 공헌에 의존한다. 이런 체계는 특히 독일의 도제제도가 강력하다.

 프랑스는 노동시장의 다양한 관계자들의 협력을 바탕으로 직업 변화를 예측하는 기구를 활용하고 있으며, 이것은 아마도 가장 잘 발달된 시스템 중의 하나일 것이다. 새로운 녹색 직업 활성화 계획에는 신흥 환경관련 직업에 대한 새로운 감시기구를 설치하는 것이 포함되어 있다. 또한 프랑스는 전문가 면허(licence pro) 제도를 도입하였는데, 이 면허는 산업체의 요구가 훈련 제공자에게 곧바로 피드백 되는 것을 분명히 하기 위하여, 4년 주기로 검토 및 업데이트가 요구되는 잘 정의된 수요 평가에 기초하여 직업훈련 제공자에게 발급된다.

영국은 요구되는 기술의 확인과 교육 및 훈련 대응의 토대로서 이들을 명확하게 하기 위한 새로운 시스템을 구축 중에 있다(박스 5). 이것은 산업체의 요구를 보다 잘 파악하기 위하여 분야별 기술 위원회와 더불어 지역 개발 기관을 활용하는 지역 단위에 초점을 맞추고 있다. 영국은 중요한 분야의 녹색 기술과 관련된 고용주의 요구를 확인하는 업무를 의무적으로 수행하면서 연간 전략적 기술 조사를 수행하는 영국 고용 및 기술 위원회를 설치하였다.

박스 5. 영국 기술 대응 시스템의 변화

> 2010년 4월에 영국의 기술 발전 시스템은 큰 변화를 가져왔는데, 학습 및 기술 위원회가 폐지됨에 따라 18세 이하인 자의 교육, 학습 및 기술에 대한 책임이 지방 당국으로 이전되고, 신기술 기금 기관이 성인 학습 및 기술 정책에 대한 책임을 맡게 되었다. 이 기관은 상위 교육기관인 전문대학과 훈련기관과 같은 훈련 제공자들의 네트워크를 강화하는 책임이 있으며, 영국 전체의 기술 요구를 충족시킬 수 있다. 기금 투자의 우선순위는 지역 발전 기관, 분야별 기술 위원회 및 지역 당국에 의하여 개발된 지역 기술 정책에 따라 정해질 것이다. 이것은 산업분야 및 시장에 공적 기금을 할당함으로써 역동적인 산업 정책을 지원하게 될 것이다.
>
> 새로운 시스템 하에서, 영국 고용 및 기술위원회는 매년 국가 정책적 기술 조사보고서를 작성할 것이다. 이 조사보고서는 정부의 신산업, 신 직업 정책에서 확인된 분야의 심층 사례 연구를 포함하여, 25개 분야에 요구되는 기술을 예측하고 확인할 것이다. 이 조사 보고서는 특히 저탄소 신흥 산업에 있어서의 기술 격차 및 부족을 목표로 하는 '전략적 기술 정책'의 개발을 알려줄 것이다. 이 정책은 국가 및 지역의 분야별 우선순위에 맞추어 효과적인 기술을 제공하기 위해 위임을 받은 기관인 신기술 기금 기관과 기술 기관이 활용할 것이다.

기술 확인 및 개발 체계가 아직 초기 단계에 있는 에스토니아는, 국가 전략에서 에스토니아 경제의 녹색화에 중요한 것으로 확인되지 않는 녹색 일자리에 필요한 기술을 확인하고 제공하는 것을 많은 부분 산업체에 의존하고 있으며, 훈련은 공식 교육 및 훈련 기관을 통하여 제공된다.

3.2 기술대응 토대로서 예측되는 녹색 요구 기술

예측되는 녹색 기술 요구는 주로 지역 단체 및 산업체에 의하여 그때그때 만들어지는 경향이 있으며, 통상 작은 규모로 그리고 특정 직무와 관련하여 나타나는 경향이 있다.

선택된 국가들을 살펴보면, 잘 구축된 제도적 시스템이 있더라도 아직은 지역/지방 및 분야/회사 차원에서의 정책에 의존하고 있다. 심지어 프랑스도 건축분야의 특정 기술 요구와 관련 대응 기술의 파악이 임시적이며, 다수의 통합되지 않은 프로그램과 정책에 끌려가는 경향이 있다.

새로운 활성화 계획을 가지고 있는 프랑스를 제외한 회원국들은 녹색 일자리에 대해 공식적인 기술 예측 또는 직업적인 예상, 국가 차원의 양적인 모델 기반 계획을 수행하지는 않는 것으로 보인다. 대부분의 접근 방식은 공식적인 것과는 아주 거리가 멀고, 필요 기술, 기술 부족 및 기술 격차에 관한 고용주의 조사 및 다양한 이해관계자의 자문으로 이루어지는 경향이 있다.

박스 6. 재생에너지분야에 필요한 기술 분석을 위한 공동작업

> 영국은 8개의 직능 단체(AssetSkills, Cogent, ConstructionSkills, EU Skills, Lantra, SEMTA, SummitSkill 및 ECITB)가 재생에너지 기술 정책을 수립하기 위해서 공동 작업을 했으며, 중앙 조정을 지원하기 위한 에너지 및 기후변화부의 기금과 각 분야별 단체의 물적 기여가 활용되었다. 이 프로젝트는 기술 공급 및 격차 분석을 포함하여 전문가, 이전 가능한 기술 및 복수 분야 기술을 다루면서, 이러한 새로 부상하는 분야의 기술 분석을 수행할 것이다. 연구 및 개발, 개발 및 계획, 설계 및 정비, 건축 및 설치, 작동 및 정비를 포함한 전체 공급망의 범위가 정해진다. 추진 그룹은 직능 단체 대표들과 전체 영국 정부 대표들로 구성된다. 이 프로젝트는 2010년 6월까지 완료하도록 되어 있다.

영국 정부는 2010년 3월에, 근로자 및 사업체가 탄소 배출을 줄이고 영국이 저탄소 및 자원 효율화 경제로 가는 모든 분야에 필요한 기술을 갖추는 것이 성공적으로 가능한지에 초점을 맞춘 핵심 기술 관련 우선순위 및 목표에 관한 정부의 방향을 설정하기 위해 협의회 활동을 시작하였다. 협의회 활동은 확인된 우선순위, 목표 및 기술격차에 관한 방향을 모색하고, 사업체가 어떻게 좀 더 나은 인센티브를 제공 받을 수 있는지 그리고 모든 등급에서 그들이 필수적인 기술을 가지고 있으므로 어떻게 대응 기술을 조장할 수 있는지를 조사한다. 협의회는 또한 어떻게 교육 및 기술 시스템이 사업체의 요구에 초점을 맞추어 대응할 수 있는지를 찾는다. 이것은 2010년 6월까지 완료하여야 하며, 2010년 가을까지 성과 결과를 정부에 보고해야 한다.

제4장 필요 기술에 대한 대응

녹색 기술 대응은 회원국의 교육 훈련 시스템에 따라 다양하다. 종종 지역 단체가 기술의 확인 및 공급을 포함하여 국가 기술 전략의 핵심 직무에 대한 책임을 지고 있다. 기술 발전은 정형의 교육 시스템에서 이루어지므로 새로운 상위 등급의 교육 및 직업 훈련 개발에 초점이 맞추어진다. 정형의 기술 대응 시스템으로는 필요한 훈련을 제공할 수 없으므로, 지방 기관, 분야별 전문가 및 회사가 참여하는 계획된 조치와 임시적 조치를 혼합하는 방식이 주목을 받아 왔다.

4.1 기존 교육훈련 시스템 내에서 직무 녹색화의 기술 대응

> 녹색 직업과 관련된 대응 기술 개발은 본질적으로 많은 부분이 정형적인 기술 대응 시스템 내에서 환경문제로 야기된 직무능력의 변화에 따른 이전의 대응 기술 개발에 의존한다. 정형의 교육 및 직업훈련 시스템에 추가하여, 새로운 녹색 기술이 즉각적으로 필요한 특정 직무에 대해서 분야별 단체 및 노동조합이 종종 기술향상 프로그램을 제공한다.

특히 덴마크, 독일 및 에스토니아에서는, 정형적인 교육 시스템에 포함되어 있는 고등 교육 및 직업교육훈련 과정, 도제제도 및 기타 주체들에 의하여 기술 개발 대응이 이루어지는 뚜렷한 특징이 있다.

독일은 최근 수년간 환경 문제의 통합이 이미 독일 교육 및 훈련 시스템에 큰 영향을 미쳤다. 환경 보호는 듀얼 직업훈련 및 대학교육에 포함되었으며, 새로운 기초 훈련과정 및 대학 교육에 도입되었고, 환경 전공 학위가 추가되었다. 일반적으로 회사는 훈련이 공공 교육훈련 시스템에 의하여 제공되는 것을 기대한다. 이것은 왜 이 '우수한' 공공 시스템 외에 추가적이거나 대체하는 기관이 거의 없는지를 설명한다. 기업체는 훈련 제공자와 긴밀히 협조하여 대학 과정을 인정하는 역할을 수행한다.

더욱이, 독일은 수 십 년 동안 녹색 기술 개발에 간여함에 따라, 아주 오래전에 훈련 활동이 처음부터 회사와 큰 관련성을 가지는 형태가 되었다. 녹색 직업을 위한 훈련은 공공 직업훈련 영역으로 잘 구축되어 있다.

덴마크에서는 직업교육훈련 시스템이 기술 요구에 대응하기 위한 확실한 토대이다. 그러나 환경과 관련하여 요구된 학업 성취도의 더 나은 변화를 고등 직업교육훈련 과정에 반영하기 위해서는 약간의 변화가 요구된다. 현재 시스템의 관련성은 부분적으로 환경 관련 직무와 녹색 직업의 성장 시스템의 지속적인 변화를 반영한 결과이다.

덧붙여서, 기술이 있는 작업자 그리고 기술이 없는 작업자를 위한 계속 성인 교육에 바탕을 둔 노동시장 프로그램은 변화하는 기술요구에 잘 대응하므로 구조적 변화 및 녹색화 과정을 연착륙 시키는데 주된 역할을 하였다. 기술 요구에 맞추어 지속적인 환경 투자의 결과에 따른 더 많은 변화는 미래에 직업교육훈련 교과과정 및 자격의 개정에 반영될 수 있다. 건축 분야의 녹색화는 직업교육훈련 공급의 미래 변화의 틀을 짜는 전략적 기술 대응의 좋은 예이다.

에스토니아는 광범위한 국가 구조조정 및 현대화의 일환으로 교육 및 훈련 시스템을 개발함으로서 녹색 산업을 관리하는 새로운 능력을 갖추고 있다. 그러나 환경 관련 직무 변화에 대응하는 사전 경험이 없는 관계로 녹색화 과정의 특정 요구사항에 국가 재원을 옮겨 가는 것은 조정하기에 상당한 노력과 자원이 소요될 수 있다.

스페인에서는 지역 조직이 독립적이기 때문에 기술 대응은 강한 지역적 특성을 가지는 경향이 있다. 잘 개발된 대응책들이 정형화되어 있는, 재생에너지와 수처리 분야의 분명한 요구들이 결합되어 직업훈련 시스템의 한 부분으로 또는 졸업 후 과정 프로그램 운영에 설정되었다. 물 부족 및 에너지 수입 의존도를 줄이는 문제를 해결하는 두 가지 목적을 확실하게 하기 위해 여러 기관들이 동원되었다. 수처리 및 재생에너지 분야의 성장은 비고용 및 중소기업 작업자들의 훈련 조직을 위한 국가 및 지역 기금을 통하여 크게 활성화 되었다. 이들 훈련 조직 대부분은 공적 자금을 받지만 외부 훈련자에 의하여도 자금이 제공된다(박스 7).

프랑스는 또한 언급된 변화의 배후에 있는 VET 시스템 또는 새롭거나 변화되는 직무를 반영하는 특정 직무의 구성요소를 활용하여, 대응 기술을 업데이트하기 위한 인정된 시스템들을 가지고 있다. 이러한 직무의 업데이트는 특별히 농업 및 에너지 분야에서 볼 수 있다. 그러나 변화의 요구에 대한 대응 속도가 감소하면서 특히 초기 교육 및 훈련 과정의 설계는 수년이 걸릴 수 있다. 더 좋은 에너지 효율성의 중요성을 반영하기 위한 건축 분야 자격의 변화 요구에 재빨리 대응하는 시스템이 없다는 것은 이러한 문제점의 한 예이다.

박스 7. 스페인의 녹색 고용 프로그램을 통한 태양 에너지 사업주 훈련

> 1,000개의 새로운 녹색 회사를 만드는 것을 목표로 하는 녹색 고용 프로그램은 50,000명의 작업자들에게 기술 훈련을 제공하고, 공공 및 민간 분야 사이의 전략적 연계를 만듦으로서 고용 및 환경을 개선하는 것이다. 녹색 고용 프로그램은 2007년13년에 44.1백만 유로의 예산으로 자영업자 및 중소 기업체 근로자를 훈련하고 환경관련 능력을 개선하는 프로젝트를 지원을 한다.
>
> 생물 다양성 재단과 통신망 설치 사업주 협회(FENIE)는 이 계획을 통하여 건축 분야의 전기 설치 기술자에게 태양 에너지 공학에 대한 기술 훈련을 실시하는 허가를 획득하였다. 이 프로그램은 태양광 패널의 공학적인 설계 및 적용에서부터, 새로운 광발전 에너지 회사를 설립하는데 필요한 행정 업무, 관리 업무 및 기타 사업 기술까지, 그리고 전기 설치 회사가 태양 에너지 사업으로 다각화 하는 것을 돕는 태양 에너지 사업 개시와 관련된 모든 것을 위한 광범위한 기술 세트를 개발한다.

또한 프랑스는 새로운 직무능력 및 개정된 자격에 대한 요구가 크게 증가하고, 개정된 기준에 익숙한 교사가 충분하지 않다는 점에 주목하였다.

빌딩 분야에서 에너지 효율화에 관한 직무능력을 향상시키기 위한 5,000개의 일자리와 함께, 개발된 새로운 훈련 과정이 반영된 계속 훈련 제공의 대응이 고조되고 있다.

영국은 투자가 필요한 기술의 확인과, 직업교육훈련 제공 및 교과과정과 자격의 설계 기준을 통합하기 위한 새로운 시스템으로의 전환이 이루어지고 있다. 2010년 4월에 도입될 새로운 시스템을 구축하는 데는 시간이 걸릴 것이다. 그러나 경제 발전을 촉진해야 하는 책임이 있는 지역 발전 기관들을 이 시스템에 통합함으로서 기술 요구 변화에 대응하는

것을 향상시켜야 한다. 지역 개발 기관들은 부분적으로 저탄소 산업 투자를 조정할 책임이 있으므로, 최소한 이론적으로는 산업체 변화와 관련된 기후 변화로부터 발생한 기술 요구에 부응하기 위해 명백한 체계가 있어야 한다.

박스 8. 프랑스의 에코디자인 촉진

> 에코디자인은 제품의 수명 주기에 의한 환경 영향을 줄이기 위한 목적이며, 국가 지속 가능한 발전 전략의 주요 정책 중 하나이다. 이것은 제품의 설계, 제조, 도매, 소매 및 최종 소비까지의 전체 주기에 걸쳐 관계가 있다. 프랑스 통합 제품 정책과 EU 지침서 2005/32/EC를 포함하여, 에코디자인에 대한 법적, 규정적 권장 범위가 정해져 있으며, 회사는 시장 개척을 고려하여 제품의 설계 및 공급에 에코디자인의 적용을 증가시키고 있다.
>
> 산업 제품의 초기 설계 단계에서 환경 및 지속가능한 개발과 관련하여 증가하고 있는 최종 소비자의 기대에서 발생하는 산업체 요구에 부응하기 위해 낸시(Nancy) 대학교는 에코디자인, 에너지 및 환경에 대한 직업 면허를 만들었다. 이 자격은 직무수행 능력과 관련하여 넓은 범위를 갖도록, 또한 프로젝트 관리자, 자문관, 폐기물 관리자 및 공공기관 공무원과 같이 광범위한 직업군에 적용될 수 있도록 설계되어 있다. 이 면허는 지금 유사한 구조에 바탕을 두면서 중소기업에 초점을 맞춘 에코디자인에 공헌하는 두 번째 직업 면허가 요구되면서 기업 및 회사에 폭 넓게 인지되고 있다.

4.2 직업 녹색화에 대한 지역/지방 및 분야/회사별 대응

> 구축된 기술 대응 시스템들은 항상 새로운 기술 요구에 부응할 수 없다. 변화의 크기 및 속도는 종종 회사 및 기업체의 긴급한 필요에 의하여 운영되는 임시적인 조직을 요구하고, 지역 및/또는 분야별 대응을 요구하는 것 같다.

각 지역들은 필요한 기술을 확인하고 녹색 일자리와 관련된 훈련 제공을 조직화하는 역할자로서의 중요성이 증대하고 있다. 이 현상은 특히 스페인, 프랑스 및 영국에서 볼 수 있으며, 다른 회원국도 정도가 덜 하지만 마찬가지이다. 스페인의 자치구들은 새로운 녹색 직무 및 기존 직무의 녹색화에 필요한 기술을 확인하는데 있어서 선도적인 역할을 해오고 있다. 특히, 에스트레마두라(Extremadura) 및 나바르(Navarre) 자치구는 선두주자로 자리 잡고 있으며, 정기적으로 대응 훈련의 개발에 대한 조언을 한다. 재생 분야에 대한 훈련 공급의 확장을 꾀한 나바르의 경험은 주목할 만하다(박스 9).

박스 9. 나바르 지역의 재생에너지 생산을 위한 기술 대응

> 나바르 지역에 재생에너지 생산시설이 없었을 때인 1994년 이후 수년간에 걸쳐 이 지역은 100%의 전기 생산 목표 대비 65%의 전기를 재생 자원으로부터 생산 확대 하였다. 나바르는 과거 15년간 재생에너지 생산의 급속한 팽창속도를 완화하면서 이 새로운 직무에 필요한 일자리를 감당할 수 있었다. 지역 정부는 노동력을 훈련시키고 대규모 인력 배출을 확실하게 하기 위해 세니퍼 재단과 협력하였다.

회사의 대응 또한 중요하며, 특히 여러 개 및 여러 등급의 직무능력에서 현저한 변화가 요구되어 새로운 직무로 발전하는 경우에는 더욱 그러하다. 재생에너지 분야 특히 풍력 에너지(육상 및 근해) 및 태양열 에너지에 있어서, 고도의 공학기술 및 생산 확대에 부응하기 위한 회사 활동의 한계는, 요구되는 훈련과정을 설계하고 운영하기 위해 지역 및 지방(간혹 정부)의 투자에 의하여 지원되는 협력적 리더십이 필요하다는 것을 의미한다.

이 대응은 기본 노동시장에서 확인되는 기초적인 기술의 부족 및 낙후를 다루는 것이 아니라 그보다는 오일, 가스 및 에너지의 교역자 및 중개자, 교역 관리자, 신 자격을 가진 회사 내의 기술 및 재무 관리자, 변호사, 회계사, 신설 규정의 적용을 이해하는 데 필요한 감사관 및 고위 관리자를 포함한 여러 직무의 기술향상에 초점을 맞춘다.

박스 10. 탄소 거래를 위한 재무서비스분야 근로자의 기술 향상

> 재무 서비스 기술 위원회에 의하여 재무 서비스 분야에 있어서 확인된 기술 요구에 대한 대응으로, 유럽 기후 변화는 거래 도구의 이해에 대한 실무 기술, 탄소 시장의 작동, 탄소 거래에 있어서 다른 직업에 직접적으로 적용되는 지식을 포함하여, 일련의 교육 및 훈련 활동을 제공하였다.

4.3 녹색 구조조정에 있어서의 기술 대응

> 전략적 정책 체계가 있더라도 녹색 구조조정은 경우에 따라 계획된 대응 방안과 함께 그때그때 이루어진다.

조사된 각 국가들의 녹색화 직무에 대한 대응 시스템을 비교해보면, 변화되는 기술 요구조건을 반영한 새로운 시장 요구에 우발적으로 대응을 하며, 구조조정 대응은 아주 임시방편적으로 이루어진다.

이것은 대응 방안들이 대부분 특수한 경우이며, 특적 지역/위치 또는 분야/회사의 재창조 노력 부산물로 만들어진다는 것을 의미한다(박스 11). 심지어 자동차 분야와 같이 국가 정책이 있더라도, 대응 기술을 계획하는 지역 또는 회사 차원의 활동에 아직도 의존한다.

선택된 회원국의 지금까지의 경험상 녹색 구조조정의 규모는 크지 않으며, 현재는 자동차 및 조선 분야에 초점을 맞추는 정도이다.

박스 11. 에스토니아 발전분야의 작업자 기술 재교육

> 에스토니아에서 에너지 분야의 변화는 재직자 훈련을 위한 새로운 과제를 생성하면서 지난 15년에 걸쳐 급속하게 이루어져 왔다. 신기술에 대한 필요성은 특히 EU와 국가 전략 및 규정에 의한 시장 변화 및 산업구조 변화의 결과로 발생하였다.
>
> 에스티 에너지아 AS(에스토니아)는 전력 및 열 에너지를 생산, 판매 및 수송하는 국가 소유 회사이다. 에너지 생산에 따른 이산화탄소 발생을 줄이기 위한 이 회사의 전략적 목표를 달성하기 위해서는 생산 방법과 경영제도의 대규모 변환이 필요하다. 이것은 풍력 및 수력 발전소의 작동자 및 관리자, 열 병합 발전, 유동 연소대, 에너지 감독뿐만 아니라, 기술공학 개발자 및 관리자를 포함한, 다수의 새로운 직무의 필요성을 창조했다.
>
> 재직자 훈련이 이들 영역에서 실무적으로 종사하는 모든 인력에게 제공된다. 훈련은 6개월에서 12개월에 걸쳐 6개 주제 모듈로 실시되며, 강의, 견학 및 세미나로 구성된다.

제5장 결론 및 권장사항

이 보고서에서 조사된 회원국의 기술 확인 및 제공을 위한 기존 시스템은, 녹색 직무 능력을 개발하고 저탄소 경제로의 전환을 지원하기 위한 전략적인 수단을 구체화함으로서 개선될 수 있었다. 프랑스 및 새로 도입된 영국 시스템의 경험은 국가 녹색 기술 전략에 귀중한 교훈을 제공할 것이다. 그러나 EU 국가들은 크게 차별화된 기술 대응 시스템을 가지고 있기 때문에 각 회원국들은 독특한 접근 방법을 개발해야만 할 것이다. 이 보고서에는 제도적인 장치 및 정부 차원에서 참고가 될 수 있는 좋은 실례들이 담겨 있다.

5.1 결론

5.1.1 환경 전략 및 기술 대응

환경 전략은 대부분의 회원국에서 잘 개발되어 있으며, 더 좋은 규정, 높은 기준 및 투자를 이끌어 내는 오랜 역사를 가지고 있다. 이러한 전략들은 온실가스 배출 감소 및 기후 적응 계획을 위한 새로운 정책 및 목표와 함께 기후 변화에 대한 업데이트가 되었다.

이것은 번갈아 에너지 분야(특히 재생에너지)와 에너지 사용 사업 및 에너지 효율, 특히 빌딩 및 운송 분야에 거의 대부분의 초점을 맞추도록 유도했다. 독일, 스페인, 프랑스 및 영국은 경제 위기에 대한 대응책의 일환으로 특정한 녹색 경기부양 정책을 도입하였다. 이러한 정책들은 기후 변화의 중요성을 강조했다. 이 정책들은 또한 녹색 구조조정의 수단과, 자동차 분야의 주된 투자와 함께 저탄소 제품에 대한 요구에 부응할 수 있는 전통산업 분야의 투자를 유발하였다.

그러나 환경 및 기후 변화 전략이 생산자가 정책 운용자의 요구에 부응할 수 있는 기술의 필요성을 인정하게 하더라도 프랑스의 녹색 직업 활성화 계획을 제외하고는 환경에 대한 전략적인 기술 대응 정책은 없다. 그렇지만 대부분의 회원국들은 다음과 같이 필요한 기술의 특정한 세부 항목들을 정하는 것을 돕고, 대응 방안을 개발하기 위해 설치된 분야별 조직 또는 지역 조직을 가지고 있다:

(a) 덴마크 기업 무역 위원회는 현재 기후 친화적이고 에너지 효율적인 기업을 직접 겨냥한 노동시장 직업교육훈련 과정을 개발하고 있다;

(b) 스페인에서는 사업 협회, 재단, 노동조합 또는 민간 훈련 센터와 같은 사회적 파트너들이 기술 확인 및 훈련의 한 축을 형성하고 있다;

(c) 프랑스는 직업훈련 개발을 위한 지역 계획으로, 청소년 및 성인의 직업 개발을 보장하는 것을 목표로 하여 직업교육훈련의 중기 목적을 규정한다;

(d) 영국에서는 전문적인 단체들이 필요 기술을 확인하고 기술 대응책을 개발하기 위해 활동하며, 교역 그룹들은 그들 분야에 필요한 자격의 개발에 직접적으로 간여 한다;

(e) 독일은 풍력 에너지 연방 협회, 후줌(Husum) 고용청, 상공회의소 및 지역 풍력 에너지 설비 제조업체 및 운전자들이 재생 에너지의 중심에서 함께 일하고 있다.

오직 에스토니아만이 분야별 및 지역별 기술 주체가 없다.

5.1.2 환경 기술의 필요

녹색 구조조정은 기존 생산자들이 새로운 시장 및 제품으로 사업 방향을 재조정함에 따라 새로운 기술에 대한 요구를 유발한다. 가장 분명한 예는 자동차 및 조선 분야이며, 각각 하이브리드 자동차의 저탄소 요구에 부응하고, 풍력 및 조류 에너지에 대한 근해 투자를 하는 것이다. 일반적으로 필요한 기술은 기존 작업자들의 추가적인 직무능력에 대한 요구로 반영된다.

녹색화 직무는 또한 새로운 직무능력에 대한 수요를 유발한다. 이것은 재활용 및 에너지 관리 세부 분야에 보다 많은 투자 및 확장을 한 결과로 에너지 분야에서 특히 뚜렷하지만 (새로운 직업을 생성), 기존 작업자의 기술을 갱신하고 업그레이드 하는 것이 주된 필요성이다. 이것은 심지어 에너지 효율을 개선하기 위해 빌딩을 보온시공 및 개선하는 작업자와 같이 기술 요구가 크게 증가된 경우에도 사실이다.

이러한 새로운 환경문제로 만들어진 직무능력은 새로운 공학기술(예를 들면 태양열 동력 또는 새로운 자동차 동력 계통, 폐기물 관리, 담수 및 오일 셰일 처리공정)과 관련이 있다. 이들은 또한 생산 방법의 변화 및 새로운 비즈니스 모델(부가가치 서비스에 중점을 두는)의 채택 때문에 새로운 경영 요구사항들과 연관이 있다.

기술 요구는 또한 노동시장의 일반적인 취약성 특히 유용한 전문 기술의 결핍으로 연결되는 과학 및 공학에 대한 관심 부족에 의하여 형성된다.

5.1.3 예상되는 필요 기술

모든 회원국들은 새로운 자격 및 관련 교육훈련의 제공을 위한 국가 투자의 기초 자료로 활용하기 위해 미래의 필요 기술 및 직무 변화를 예측하는 어떤 형태의 시스템을 가지고 있다. 이러한 시스템은 노동시장 및 직무 변화의 질적이고 양적인 평가를 활용하며, 고용주 및 노동조합이 평가에 기여한다. 독일 및 프랑스의 시스템은 특히 잘 발달되어 있으며, 최소한 부분적으로는 사회적 파트너의 특별한 참여를 고려한다. 이들 시스템은 새로운 자격 및 과정과 설정된 교과과정의 개정을 이끄는 환경 관련 직무능력의 과거 변화를 사전에 반영한다. 변화의 속도가 허용하는 한, 이들 시스템은 새로운 기술 대응의 필요성을 반영하고 적용하는 것을 지속할 것이다.

그러나 직무의 변화를 예측하고 교육 훈련 대응 방안을 마련하는 기존의 시스템들은 문제점이 없지 않다. 예를 들면, 영국은 2010년 4월에 새로운 시스템의 설치를 결정하였다. 이것은 저탄소 산업에의 투자에 따라 요구되는 기술의 설정에 특별한 초점을 맞출 것이다. 프랑스는 새로운 활성화 계획으로 관련된 기반시설과 함께 녹색 기술을 위한 새로운 감시체제를 도입함으로서 이미 잘 발전된 시스템의 강화를 모색한다.

기존 시스템들을 갱신하거나 확장할 필요가 있는 한, 사회적 파트너의 역할은 필수적인 분석과 후속적인 자격 및 훈련 개편을 함에 있어서 중요한 것 같다. 덴마크의 교역 위원회 및 심의회가 직무능력 요구조건의 변화를 정하고, 직업 및 교육훈련 시스템의 변화를 촉진하는데 중요한 역할을 하는 것은 한 예이다.

5.1.4 대응 기술의 개발

기존 시스템들은 저탄소 제품 및 서비스에의 투자에 의하여 도출된 대응 방안을 포함하여, 변화하는 요구에 부응하는 자격 및 교과과정의 점진적인 조정을 허용한다. 선택된 회원국의 몇몇 사례에서 시행 중에 이러한 과정이 보여 진다.

그렇지만 새로운 환경 관련 기술에 대한 요구 변화 크기 및 속도가 기존 시스템의 능력을 벗어나는 경우에는, 보다 더 즉각적이고 특별한 조치가 필요하다. 이것은 조사된 회원국의 공통적인 대응 형태이다. 이러한 조치들은 특정 회사 또는 특정 분야의 요구에 의하여 추진되는 경향이 있으며, 교육 훈련 제공에 대한 지방 또는 지역의 투자를 촉진한다.

녹색 구조조정을 위해, 사업체가 그들의 영업 방향을 재조정하거나 다양화함으로서 새로운 시장 기회에 부응하고, 새로운 직무에 투자를 하는 경우, 기술 대응은 고도로 회사 특유의 것이 된다.

5.2 권장 사항

5.2.1 전략적 대응

프랑스 및 잠정적으로 영국의 지속적인 직무 녹색화에 관해 언급하였다. 그렇지만 이러한 전략이 없는 회원국은 새로운 기술 요구를 예상하고 대응하기 위한 일반적인 시스템 내에서 녹색 직무능력에 대한 요구의 관리에 중점을 두는 것이 큰 문제가 아닐 수도 있다.

이것은 부분적으로 기존의 시스템 내에서 가장 효율적으로 만들어질 수 있고, 특수한 분야의 대응에 의하여 교차하지 않을 수도 있는 기업 및 근로자 전반에 걸친 이들 직무 능력의 일반적인 통합을 나타낸다(개선된 자원 효율화를 위한 폭 넓은 요구의 한 부분으로); 변화의 속도 또는 요구의 크기가 이러하면, 이것은 직접적으로 목표가 된 대응 방안을 가능하게 하면서, 잘 구분되고 분리되는 경향이 있다.

경제 녹색화의 한 부분으로 새로운 기술 요구에 대한 정책 입안자의 준비 부족이 염려되었다. 이것은 기술 요구가 크게 증대하였고, 적절한 교육훈련 대응이 부족했던 문제점으로부터 야기된다. 그러나 이것은 새로운 기술 요구를 충족시키기 위한 국가 또는 지역 시스템에 의존하는 것보다는 어떤 경우에도 재빠른 대응책을 제공하는 특정 분야별 주체에 의하여 어느 정도 다루어진다.

환경 관련 직무능력에 대한 요구 및 본질을 더욱 분명하게 하는 것은 정책 실패의 위험을 최소화 하려는 전체 회원국의 공통된 요구사항이며, 녹색 전략과 연계될 수 있다.

5.2.2 예상되는 필요 기술

정확성 및 시기성과 관련하여 직무 변화를 예측하고 조정하는 공식적인 국가 시스템이 취약하다는 것은 회원국 전체가 인정하고 있다. 그러나 직무 및 요구 기술의 중요한 변화 및 급속한 변화가 일어나면 이 일반적인 취약함은 특별한 주목을 받는다.

앞서, 새로 출현하는 환경 관련 기술 요구의 속도와 크기를 조절함으로서 기존의 시스템을 새로운 직무능력에 투사하고 인식할 수 있도록 하였으며, 자격 및 교과과정의 변화를 촉진할 수 있게 하였다. 그러나 저탄소 경제로의 전환은 변화의 속도와 크기에서 특히 자격 및 교과 내용을 재편성하기 위한 시간에 있어서 현 시스템의 취약성을 두드러지게 하는 새로운 기술에 대한 요구를 야기하고 있는 현상이 나타나고 있다.

예상되는 기술 요구를 위한 현재 시스템의 개선과, 기술 압박과 관련된 기후 변화를 위한 특별한 대응책의 개발 사이에는 교차하는 균형점이 있다. 자원의 효율성 개선이 경제 전반에서 요구되면 현재 시스템의 개선이 필요하다. 명백하게 중요한 분야들(에너지, 운송, 건설)이 있으면, 새로운 시스템이 요구되는 것처럼 보인다.

5.2.3 기술 대응 지원

환경 관련 기술 요구에 부응하기 위한 기존의 교육, 훈련 및 자격 시스템의 능력 개선 필요성은 모든 회원국이 널리 인지하고 있다. 개선은 계속 성인 교육이나 고등 교육보다는 기초직업교육훈련에 특별한 초점을 맞추는 경향이었다. 국가별 보고서의 사례 조사는 이러한 개선을 확보하기 위해 만들어진 과정의 훌륭한 증거를 제공하며, 좋은 예로 활용할 수 있었다.

독일, 프랑스 및 영국의 특별한 현상인, 과학 및 공학에 대한 관심 부족과 전문 기술의 부족은, 강력한 기술공학적 초점 때문에 기후 변화로 야기된 기술에 특별한 영향을 미친다. 이들 부족한 부분에 대한 국가적 대응은 기후 변화 정책에 특별히 기여하게 될 것이다.

이러한 개선의 필요성은 부분적으로 지역 또는 산업분야가 강력하게 선도하는 한시적으로 개발되어야 하는 정책에 반영된다. 또한 기술 요구에 부응함에 있어서 진전이 부족한 것을 염려하는 다른 분야 및 지역이 개발된 강력한 제도적 체계를 인식함으로서 이들 정책은 잠재적인 본보기가 된다. 그렇지만 이들 정책에 있어서 공공-민간 합동 파트너십의 일반적인 중요성은 쉽게 전사할 수 있다.

작업현장 기반 훈련에 과도하게 의존하는 것을 피하기 위하여, 그리고 일반적인 환경문제 인식의 개선 필요성을 인지하기 위해, 광범위한 기술 대응에 기여하는 평생 학습의 역할은 중요하며, 특히 덴마크 및 독일에서 그러하다. 기술 부족은 또한, 환경 관련 교육 및 훈련 방법과 접근 방법(시범 프로젝트를 포함하여)이 조기에 학교를 그만둔 학생들의 수준 차를 감소시키고 이민을 온 청소년의 직업 전망을 개선하는데 어떻게 활용될 수 있는지를 조사함으로서 정할 수 있을 것이다.

제6장 국가별 주요 착안사항 요약

6.1 덴마크

6.1.1 환경문제의 도전, 주요 과제 및 기술 대응 전략

환경문제 도전 및 과제

　기후 변화에 대한 현재의 초점과 직무 내용의 구조적 조정 및 후속적인 변화의 영향은 어느 정도까지는 장기 정책 과제의 연장선상에 있다. 대부분의 산업분야는 지난 30년에 걸쳐 기존 직무를 녹색산업과 연관시킨 바 있으며, 종종 규정에 의하여 추진되고 기존 공학기술에 바탕을 두었다. 저탄소 경제로 더욱 급속하게 옮겨가는 현재의 정책들은 아주 정교한 직무를 도입하고 있으며, 새로운 '청정기술' 공학-녹색 기술보다 한층 더 광의 개념-이 기술공학의 집중으로 이끌고 있고, 종종 새로운 사업 모델 및 사회적 동반자에 의하여 보완되며 시장에 의하여 추진된다. 종합적으로 이러한 경제의 재 녹색화 (에너지 정책에 있어서의 녹색 초점은 새로운 현상이 아니라는 사실에 기인하여)는 기존 직무의 녹색화, 새로운 녹색 직무의 출현 및 어떤 분야의 녹색 구조조정을 수반하는 것 같다.

　주된 주요정책은 에너지 효율성, 재생에너지 및 청정 공학기술(크린테크)의 연구개발 지원과 관련이 있다.

대응 전략 - 일반 환경 전략

　정부는 녹색 성장에 초점을 맞춘 전략을 가지고 있다. 다시 말하면 기후 변화의 영향을 감소시키려는 노력은 정부의 기후 및 에너지 정책에 반영되면서 경제 성장과 녹색 성장 산업의 직업 창출과 함께 간다: 에너지 협약(2008-11); 및 공공연구투자를 위한 장기 우선 연구과제 '연구 2015'

재생에너지의 용량을 증대시키기 위한 수단으로 풍력, 바이오메스, 바이오가스에 초점을 맞추고 있다. 에너지 절약 및 에너지 효율화를 위한 정책 및 수단으로는 운송, 건축 및 낡은 시설의 개선/기존 빌딩의 개조, 에너지 공학기술 및 청정기술 해결방안에 중점을 둔다. 또한 온실가스 배출을 줄이기 위한 특별 조치로는 운송(예를 들면 녹색 자동차의 개발 촉진) 뿐만 아니라 빌딩 및 건축 분야(예를 들면 빌딩의 에너지 소비 감축에 초점을 맞춘 2009 전략)와 같은 산업 영역의 범위를 정하였다. 녹색 고용은 1990년대 후반의 가장 주요한 정책으로 대두되었으며, 새로운 그리고 지속적인 녹색 일자리 창출을 목표로 하는 녹색 고용에 관한 1997년에 새로 제정한 법에 의하여 반영되었다.

현재의 경제 위기에 대한 녹색 대응

덴마크는 경제의 녹색 구조조정을 쉽게 하기 위한 수단으로 국가 경기부양 증대 정책을 활용하지 않았으며, 따라서 경기부양 정책은 녹색 조치를 아주 폭 넓게 수반하지는 않는다. 그러나 제3차 경기부양 정책은 주택의 개선/개조 및 에너지 효율 향상에 대한 보조금을 지원하는 것으로 특히 건축 분야를 목표로 하였다.

성장 및 개혁 정책과 함께 기후 변화의 영향을 최소화하기 위한 노력의 연대를 강화하기 위하여 정부는 사업 환경 전략을 개발했다(2009년 10월). 산업체의 구조 체계가 능동적인 시장 움직임으로 향상된 글로벌 제품 공급자로서 또는 신흥 시장의 원동력으로서 시장 기회를 개발하는 것을 가능하게 한다.

녹색화에 부응하는 기술 개발 전략

아직까지 기후 변화 및 환경적인 문제에 대응하는 분명한 정책의 한 부분으로서의 총체인 기술 대응 전략이 개발되지는 않았다. 때때로 개개의 전략에서 녹색 경제 및/또는 기후 변화에 관한 사항이 미래의 기술 요구에 영향을 미칠 수 있거나 미칠 것이라고 언급하고 있다.

정책에 있어서 장기적인 초점은 이미 교육 분야에 반영이 되고 있다. 다양한 IVET, CVET 및 고등전문교육 프로그램들은 수년에 걸쳐 녹색 공학기술의 기술 및 지식 요구에 맞추어 왔으며, 진행 중인 구조조정에 일치시켜 왔다. 예를 들면, CVET 뿐만 아니라 IVET에 있어서, 특정 VET 자격을 위한 성취도 및 직무능력 기반 목표에 녹색 직무 항목을 이미 포함시키고 있다. 예를 들어 이들 녹색 직무 항목에는 에너지 개발 및 재사용, 폐기물 관리, 건축, 설비 관리, 운송 및 농업 항목들이 포함되어 있다.

에너지 감소 및 에너지 효율화에 대한 관심 증대에 부응하기 위하여, 그리고 에너지 소비를 최적화하고 모니터하는데 사용될 수 있는 기술을 개발하기 위하여 새로운 자격들이 개발되었다. 이들 자격은 일반적으로 수요와 공급 측면을 고려하여 운영된다는 특징이 있다. 예를 들면 냉각 기술공 및 빌딩 서비스 기술공 직무가 여기에 해당된다.

덴마크 성장 위원회에 의하여 개발되고 현 정부에 의하여 승인된 '위기 탈출 덴마크' 전략은 더 많은 녹색 기술을 개발함으로서 일자리 창출을 촉진하기 위해 교육 및 훈련, 그리고 계속 훈련에 있어서 특별한 조치를 요구한다. 이것은 또한 에너지 효율화 해결 방안을 위한 현재의 기회에 대한 전문적인 인식의 부족이 증가된 요구에 장벽이 된다는 것을 인정하고 있다. 이것을 개선하기 위해 다른 직종에 종사하는 근로자, 빌딩 및 건축 분야 자문가, 그리고 해양 분야의 고용자들을 위해서 다른 VET 프로그램 및 성인 교육에 녹색 직무 구성요소를 포함시키는 것이 필요하다고 이 전략은 충고한다.

6.1.2 출현하는 기술 요구

녹색 산업의 구조적 변화

구조조정은 산업체에서 최소한 30년 전부터 점진적으로 그리고 현재도 진행 중인 현상이다. 제조업 및 공정 산업(예를 들면, 금속, 조선 및 식품가공 산업)의 일자리는 감소하였음에 반하여 서비스 일자리 그리고 제조업에서의 서비스 중요성은 증가하였다.

남 유틀란트 반도의 철강 연합은 공정산업 가치 체인에 있어서 이 연합이 글로벌 경쟁자가 되도록 유도한 성공적이고 점진적인 구조조정의 한 예이다. 저가치 반복 작업은 아웃소싱하거나 자동화 하고, 고가치 작업은 덴마크에 남겨두었다.

린도(Lindoe) 조선소의 폐쇄는 특히 녹색 구조 변화의 흥미로운 경우로서, 이해관계자들은 린도 조선소 노동력을 위한 새로운 일자리 창출 수단으로 조선소를 근해 재생 에너지 발전소로 바꾸었다(사례 연구).

소도시인 Frederikshavn(인구 23,000명)의 MAN 디젤 엔진 생산업체의 몰락은 기계분야 및 지역에 큰 충격을 안겨주었다. 현재까지 대부분의 숙련공(72%)과 비숙련공(27%)을 포함한 540명이 정리해고 되었다. 이 공장의 구조조정은 기본적으로 재정위기의 영향을 받은 결과이다. MAN 디젤 회사는 해상 엔진을 전문으로 하고 있으며, 따라서 조선소의 주문 감소 및 취소에 의하여 악영향을 받았다(사례 연구).

새로운 기술들

신흥 산업은 청정기술, 에너지 효율화 서비스 및 에너지 생산(새로운 직무는 풍력 에너지 운전자(사례 연구) 및 재생 에너지 관리자를 포함)이고, 새로운 직무는 청정기술 회사에서 확인되고 있다.

그러나 분석적 기술 서비스 요소와 공학적 기술 요소 사이의 직무 집중으로부터 일자리 창출 기회를 확인 할 수 없기 때문에 직무의 녹색화 분석을 위한 분야별 접근법은 충분하지 않은 것 같다.

사업 모델들 또한 변화하고 있다. 예를 들면, 그런포스(Grundfos) 펌프회사는 회사의 기본 사업에 점진적으로 서비스를 강화시켰으며, 당장은 일부 고객에게 펌프를 못 팔더라도 대신에 서비스를 제공하는 것에 가치를 더 두었다. 이러한 서비스 제공으로 전환하는 경향은 제품의 기술적인 생산 및 공급이 점차적으로 국외로 옮겨감에 따라 증대할 것으로 예상된다.

상이한 특성을 가진 재생 에너지 자원을 충분히 개발하기 위해서는 상이한 자원들에 대한 복합적인 지식을 가지고 재생에너지 적용 프로젝트를 관리하거나 자문을 제공할 수 있는 기술공이 필요하게 된다(사례 연구: 재생에너지 관리자).

풍력 터빈 분야의 기술력 차이는 풍력 터빈의 제작, 조립 및 정비와 관련된 지식 및 직무수행능력으로 구성된다. 작업자는 풍력 터빈 전반에 관한 전문용어 및 광범위한 지식이 필수적인 글로벌 시장에 기능을 할 수 있어야 한다. 많은 풍력 터빈 회사들은 전통적으로 그들의 고용자들이 직무 내용에 적합한 능력을 갖추도록 훈련을 강제해왔다(사례 연구: 풍력 터빈 운전자).

기존 직무의 녹색화

청정기술 및 에너지 분야에서 새로 부각되는 직무는 '하이브리드(복합)' 직무이며, 예를 들면 농업 기상학자, 태양광 설치자, 바이오-에너지 기술공, 에너지 평가사, 녹색 회계사 및 에너지 효율 검사관들이다.

빌딩의 에너지 소비를 감소하는 전략은 빌딩 개선 및 신 빌딩 및 기존 빌딩에 에너지 효율 설비를 설치하는데 초점을 맞추고 있다. 정부는 이러한 추진 정책이 건축분야에 관련된 모든 사람들 - 엔지니어 및 건축가에서부터 전기 및 건설 작업자까지, 다시 말하면 다른 자격 등급의 모든 사람들에 대하여 새로운 녹색 기술 및 지식을 요구하게 될 것이라고 믿는다. 에너지 효율 개선은 5,000개의 새로운 일자리를 창조할 수 있었다(사례 연구: 건축에서 기존 직무의 녹색화).

해양 기술공들은 배출 가스를 감축하기 위해 기계 및 공학기술을 적용하고 관리할 책임이 있다. 규정의 강화와 증가된 효율화 노력이 새로운 공학기술에 대한 투자를 이끌고 있다. 해운 산업은 이산화탄소의 감축을 목표로 하는 다양한 노력을 해왔다. 해양 기술공의 핵심 직무능력은 이러한 발전을 감안하여 수정되어야만 한다(사례 연구: 해양 기술공).

6.1.3 예상되는 기술 요구에 대한 접근 방법

녹색 구조조정

노동 시장의 영향을 분석하고, 경제의 녹색화 및 산업의 녹색 구조조정 물결에 따른 (재)훈련의 요구를 파악하기 위한 뚜렷한 정책은 아직 없다.

린도 조선소에 있어서, 시당국은 공공 고용 서비스의 일환으로 조선소 고용자들과 관련된 기술 수요를 확인하는 공식적인 책임을 지고 있다.

시 당국자들은 MAN 디젤 회사 현장에서 일련의 자문 활동과 직업 조사를 실시하였다. 이는 요구되는 기술을 확인하는데 도움이 되었다. 활동의 범위는 또한 해양과 에너지 분야와 관련된 것이었다. 진행과정은 해당 분야의 제품 생산에서 서비스로 어떻게 전환하는지 그리고 이러한 전환이 기술 수요를 어떻게 변화시킬 수 있는지에 초점을 두었다.

서비스-기반 직업으로의 변환은 MAN 회사 사례 연구에서 명확하게 알 수 있으며, 해양 및 에너지 효율화 분야는 일시 해고된 근로자에게는 생명줄이 될 수 있다.

새로운 기술

산업 분석에 의하면, 청정기술을 목표로 하는 완전히 새로운 훈련 프로그램을 개발하는 것은 타당하지 않는 것으로 보이며, 기존 프로그램을 새로 나타나는 기술 요구에 맞추기 위하여 수정의 필요성이 있는 것으로 나타난다.

재생에너지 분야에 있어서, 교육부와 Zealand 지자체가 재정 지원을 하고, 지멘스, IWAL(Lolland 국제 풍력 학회), DTU(덴마크 공학 대학교) 및 직업 협회 CELF에 의하여 이끌어지는 공공-민간 파트너십 프로젝트에 기술 분석이 편제되었다. 관련이 있는 모든 회사들의 95%가 상이한 재생에너지 자원과 관련된 직무를 수행하는 프로젝트 관리자에게 새로운 기술의 필요와 기술의 부족을 경험하였다.

풍력 터빈 분야에 있어서는, 덴마크 기업 연합 및 비숙련공 고용자 조직인 3F의 대표자들에 의하여 수행된 프로젝트에 의하여 기술 부족이 확인되었다. 요구된 훈련 프로그램의 항목들은 풍력 터빈 회사의 조사에 의하여 확인되었으며, 특히 풍력 산업체를 지배하고 풍력 산업체의 대부분의 근로자를 고용하고 있는 베스타스(Vestas)와 지멘스 회사에서 확인되었다.

기존 직무의 녹색화

빌딩의 에너지 소비를 감소하기 위한 전략은, 모든 미래의 고용자들이 에너지 효율적인 건축에 대한 탄탄한 기본 기술을 갖출 수 있도록 한 종합적인 전략에 부합되게 기존 교육 프로그램이 수정되어야 한다고 주장한다. 2009년 10월에 범정부 위원회는 상이한 직무에 요구되는/필요한 기술을 충분히 파악하기 위해 관련 사업 단체, 교육 기관 및 공공 기관과 함께 실무 그룹을 구성하였다. 여기서 나온 성과물은 그 분야에 대한 기존의 기술 정책을 평가하고(가치 체인), 새로운 정책 및 권장사항을 제공하는 실천 계획이 될 것이다.

해양 기술공 영역의 명백한 기술 부족에 직면하여, 교육기관과 Frederikshavn 지역의 지방 회사 간의 네트워크는 교육적인 대응에 관한 아이디어 및 지침뿐만 아니라 적절한 기술력의 공급을 확보하기 위한 필요한 기술과 제안에 관해 전략적인 논의를 시작하였다. 따라서 필요 기술에 대한 확인은 주로 그 지역에 맞춘 공급 위주였지만, 수요자 대표들과도 협의하였다.

6.1.4 기술 요구에 대한 대응

녹색 구조조정

린도 근해 재생에너지 센터(LORC)는 녹색 공학기술 및 일자리를 위한 지식, 개혁 및 교육 센터로 2010년 1월에 설립되었다. 이 센터는 유럽 세계화 조정 기금으로부터 보조금을 신청하였으나 아직까지 승인되지 않았으며 따라서 성과가 어떻게 나올지를 말하는 것은 시기상조이다. 더욱 중요한 것은, 근해 재생에너지에 관한 실제적인 기술 대응은 아직 계획 중에 있다는 것이다. 남부 덴마크에 유사한 센터가 있으며 여기서 일자리에 대한 경쟁력 있는 인력을 배출할 수 있었다.

Frederikshavn 시당국은 새로운 고용 기회를 창출할 수 있는 잠재력이 있는 분야로 2개 분야 즉, 해양 분야 및 에너지 효율화 분야를 꼽았다. 시당국은 새로운 환경관련 규정의 적용으로 사업 기회가 나타날 것으로 기대한다. 시 당국은 기본적으로 8백만 유로의 재정 지원 계획이 아직 확정되지 않았기 때문에 이 두 개의 우선 분야가 아직 시행되지 않고 있지만, 사회적 파트너와 협력하여 새로운 훈련 모듈을 준비해 왔다. 시는 유럽 세계화 조정 기금에서 나올 보조금을 기다리고 있다.

새로운 기술

기존 직무에 대한 단계적인 녹색화를 위한 교과과정의 채택은 1980년대 및 90년대에 시작되었다. 노동시장 프로그램(무기능 및 유기능 작업자를 위한 성인 계속 훈련 프로그램)은 노동시장의 변화에 대해 재빨리 대응하고 적용할 수 있는 구조이기 때문에 주된 구조적 및 구조조정 역할을 했다(핵심은 단기 훈련 프로그램이며, 이것은 근로자로 하여금 노동시장에서 새로운 직무 기능으로 재빨리 이동할 수 있게 한다).

연구 결과 기존의 VET 자격들이 청정기술의 새로운 직무를 수행하기 위한 직무능력을 제공하는 굳건한 토대가 된다는 것으로 판명되었다. 그러나 자동차 정비사; 전문 단열; 전기 기술공; 전원 기술공; 냉방 기술공; 플라스틱 기술공; 금속 기술공; 공정처리 기술공; 풍력 기술공; 산업설비 기술공; 산업설비 운전자; 산업체 전기공; 전기 기사; 및 자동차 기술공을 포함하는 다수의 상위 중등 VET 프로그램에 있어서 성취도-기반 직무수행능력의 범위를 개정하는 것이 제안되었다.

재생에너지 관리자의 사례 연구는 교육/훈련과 사업 사이의 좋은 피드백 기구를 제공한다. 확인된 직무 내용은 기존 VET 과정의 기술 및 지식 요소에 더해진다. 그러나 평가는 기존 과정을 보충할 수 있는 교육 프로그램이 필요하다는 것을 제시했다. 새로운 3차 교육과정에 맞춘 지방/지역 교과과정은 산업체 및 공공분야와 협력하여 개발되었다. 교과과정을 국가적인 요구에 적용할 수 있도록 하는 것이 그 의도이다.

제안은 공식적인 인정 절차에 따라 교육부의 승인에 앞서 덴마크 산업 동맹 및 공공 기관에 사전 승인을 위하여 이송되었다. 훈련은 2011년에 시작될 것으로 예상한다.

풍력-터빈 기술 요구에 부응하기 위해, 관련 학교 및 직업 전문대학과 협력하여, 공식적인 VET 훈련과정으로 숙련된 풍력 터빈 운전자를 훈련하는 새로운 상급 중등 직업훈련 프로그램을 개발하였다. 이 프로그램은 지금 4개의 직업 전문대학에서 제공되고 있다. 이 훈련 프로그램을 수료하는 최초의 학생들이 2011-12년에 직업 시장에 진입하도록 되어있다. 이러한 대응이 산업체의 요구를 적절히 반영하였는지의 여부는 새로 배출되는 학생에게 도제훈련을 제공하고, 그 후에 그들이 학습한 것을 충분히 활용할 수 있는 일자리에 이들 젊은 사람들을 고용하려는 회사의 의지 및 능력에 달려있다. 현재 회사들은 경기침체 때문에 새로운 고용자를 채용하지 않고 있으며 새로운 도제생을 받아들이는 것을 꺼려하는 것으로 파악되었다.

기존 직무의 녹색화

과학기술의 발전, 예를 들면 비화석 연료, 청정기술, 그리고 공정산업 및 제조업의 에너지 최적화에 있어서의 기술 발전은 아마도 VET 훈련과정의 개정 및 새로운 과정의 개발을 이끌게 될 것이다.

여러 가지 기술 정책들이 건축분야의 직무 녹색화에 맞추기 위하여 다양한 차원에서 채택되었다. 즉, 기술 혁신, 새로운 해결책 및 접근법, 그리고 에너지 효율화와 관련된 규정에 부응함에 따른 직무의 내용과 요구조건 변화들이다. 현재 진행 중인 기술 부족에 대한 분석은 새로운 조정국면을 이끄는 것 같다. 종합적으로, 이러한 대응은 경제의 녹색화 및/또는 기후 변화 정책의 폭 넓은 전략의 한 부분을 형성하는 명백한 기술 대응의 유일한 예이다.

해양 기술공이 직무 분야의 변화하는 요구사항에 대응토록 함에 있어서, 북부 유틀란트의 직업 전문대학 Martec에 해양 기술공을 위한 에너지 분야의 새로운 교육 프로그램 및 환경 기술 과정(뿐만 아니라 완전히 새로운 직업 훈련 과정)을 설치하는 정책이 채택되었다. 그러나 이 기술 대응의 효과를 평가하는 것은 아직 너무 이르다. 지금까지 이 훈련 프로그램을 수료한 학생은 없다. 향후 2, 3년 내에 에너지 및 환경 문제를 전공한 최초의 해양 기술공이 직업 시장으로 진입하도록 되어있다.

6.1.5 결론

경제 및 노동시장의 주요한 녹색화 전환

최소한 3개의 녹색 전환이 주목할 만하다. 첫째는 기존 직무의 녹색화와 관련된 것이다. 이것은 전환이라기보다는 장기적인 변화의 연속을 의미한다. 두 번째 전환은 이제까지의 교육에서 다루어지지 않은 완전히 새로운 직무 내용(예를 들면 청정기술)을 신설하는 것과 관련된 것이다. 셋째는 그런포스(Grundfos) 펌프회사에 의하여 강조된 것처럼 기술적인 직무 능력 토대가 새로운 사업 서비스를 창조하는데 사용되고 있음에 따른 혁신과 관계된 것이다. 종합적으로, 가장 큰 일자리 잠재력은 에너지 분야 그리고 에너지 효율화와 같은 복합적인 분야에서 발견될 수 있는 것 같다.

이러한 긍정적인 발전에도 불구하고, 최근의 경기 후퇴에 따라 해고된 근로자 특히 저숙련 근로자들은 구조적 실업사태로 귀결될 수 있다는 염려가 있다. 노조는 덴마크의 대체 에너지-특히 풍력 에너지-의 잠재적인 성장 이점을, 균형 있는 고용, 기술 향상, 그리고 개혁 정책을 통하여 일자리 창출을 촉진하는데 조직적으로 사용할 수 있도록 정부가 더욱 역동적인 역할을 할 필요가 있다고 주장한다. 예를 들면 린도 조선소 개혁 정책(사례 연구)이, 개혁의 진행이 지속가능한 일자리 창출로 바뀌는 것에 적절한 기술들이 유효하다는 것을 입증하기 위한 구조적 조치들과 동반할 것이라는 징후는 없다.

기존 회사의 다양화 역시 중요하다. 덴마크 금속 노조(*Dansk Metal*) 및 무기능 근로자 노조(3F)는 청정기술 및 성장 기회가 있는 다른 '녹색 분야'에서 일자리 창출을 촉진할 수 있는 활동을 요구했다. 덴마크 금속 노조는 에너지 분야에서 그들의 추산에 따르면 50,000개의 새로운 일자리를 창출할 수 있는 구체적인 권고안을 마련했다.

기술 영향 및 개발 - 분야/직무에 의한 새로운 그리고 변화하는 기술 요구

교육 분야는 기존 직무에 있어서의 에너지 효율화 및 재생에너지에 관한 새로운 세계적, 국가적 관심을 만족시키기 위한 강력한 토대가 된다. 그러나 정확한 교육 프로그램 및 CVET 수단들이, 청정기술과 현재 일어나고 있는 사업 모델의 파괴적이고 개혁적인 변화로부터 충분하게 잠재력을 발휘할 수 있도록 자리를 잡은 것인지, 전통적인 영역 논리를 따르지 않는지에 대한 논란이 있다(펌프 제조회사인 그런포스가 서비스-기반 판매로 이동한 사례 연구로 설명됨).

회원국/국내 기술 예측의 범위와 능력 그리고 예상 및 대응 VET 시스템

현재 직무 구조 및 기술 요구에 미친 경제 녹색화의 영향에 대한 정보(통계, 분석 등)는 거의 없다. 데이터가 부족하다는 것은 IVET 및 TVET 교장과의 인터뷰를 통하여 확인된다.

노동시장 조직은 덴마크의 주된 성장 영역인 에너지 분야의 일자리 창출을 촉진할 수 있는 활동을 요청하였다.

기술 요구의 확인, 예상 그리고 대응과 관련된 훌륭한 실무 교훈

무역 위원회 및 각 의회는 직무 변화를 모니터링 하며, IVET 자격 및 CVET 면허의 개발과 적용을 요구할 수 있다. 무역 위원회는 IVET 및 CVET 내에서 '직무 군'을 위한 예상 기술의 연구를 맡고 있다. 또한 이들은 기술 집약(예를 들면 청정기술)의 영향에 대한 분석이나, 복합 직무일 수도 있는 특수한 작업 기능의 변화에 관한 교차 영역 연구를 수행한다.

현재, 13개의 CVET 직무수행능력 센터가 CVET 제공자와 기초 성인 교육과정을 연결하고 있으며, 지역적인 기술 변화를 예측하고 모니터링하는 책임을 지고 있다. 이러한 개발과 연계하여 덴마크 공학 대학은 현재 기술 요구를 예측하는 방법에 관한 지침서를 준비 중에 있다.

높은 CVET 참여 비율과 결합된 '유연안전성' 모델은 위기에 앞서 덴마크 경제의 성공을 담보하고, 이러한 구조조정 과정은 진행되어 오고 있으며, 높은 노동 시장의 흡수력으로 보완된다.

교육부는 의무교육부터 고등교육까지 기존 교과과정에 기후 및 에너지 주제를 포함시키기 위해 다양한 정책을 펼쳤다. 기후 문제가 중점적이며 명확한 방법으로 다루어질 뿐만 아니라, 기후에 대한 인식을 촉진하고 의무교육 이후에 과학 교육을 선택하는 많은 젊은이들에게 용기를 북돋아 주는 것을 확실히 하는 것이 이 정책의 목표이다.

6.1.6 권고

기술 예측에 대한 분야별 접근법이 산업의 역동성을 완전히 따라잡지 못할 수도 있고, 기술 집약, 사업 모델의 파괴적인 변화 또는 가치 체인의 재배치에 의하여 추진될 수도 있으므로, 어떤 방법이 이러한 기술 변화를 따라 잡는데 가장 적합한지에 대한 심도 있는 분석을 위해 유럽 차원에서 서로 협력할 필요가 있다.

6.2 독일

6.2.1 환경문제의 도전, 주요 과제 및 기술 대응 전략

환경문제의 도전

초기의 환경 보호 조치로 확대하면, 독일 기후 환경 보호 정책은 10년 이전으로 거슬러 올라가며, 주요 목표는 온실가스 배출을 감소시키는 것이었다. 온실가스 배출을 아주 크게 감소시키는 과제를 달성하기 위해 이전의 정책보다는 에너지 효율화 및 더욱 청정한 동력을 생산하는데 초점을 맞추었다. 또한 이것은 산업 구조조정이 필요할 것이고, 환경적 고려가 기술공학적 혁신 및 삶의 방식에 미치는 영향을 증대할 것이라는 것을 의미한다. 고용 성장에 대한 투자로 환경보호 분야에 2020년까지 500,000개, 2030년까지 800,000개의 추가적인 일자리가 생길 것이다.

그렇지만, VET에 입학하는 청소년의 숫자가 줄어드는 인구통계학적 변화가 독일이 겪고 있는 주요 문제점이다.

대응 전략

수십 년 동안 환경 보호는 공공 정책 개발의 중심에 있었다. 법제화 및 인식의 확대가 경제 분야 및 직업의 직무 수행 능력에 영향을 미쳤다. 시작부터 환경보호 정책은 보다 나은 삶의 질을 위한 조치로 인식되었을 뿐만 아니라 환경적인 공학기술과 서비스의 제공을 위한 시장 기회를 개발하는 기구로 받아들여졌다. 따라서 환경 정책의 개발은 새로운 일자리를 창조하고 경제 성장을 지원하는 데 활용되었다. 환경 기술공학 및 서비스 분야는, 2006년에 1천8백만 근로자가 종사하고 있으며(노동 인구의 4.5%), 이제는 독일의 주요한 경제활동 영역 중 하나이다.

현재의 경제 위기에 대한 녹색 대응

연방정부는 2008년 11월과 2009년 1월에 도합 약 1천억 유로 규모의 2개의 경제 경기부양 정책을 펼쳤다. 경기부양 정책 중 녹색산업 투자가 약 13%였으나(EU 중 가장 높은 국가 중 하나), 처음에는 녹색 관련 주제에 초점이 맞추어진 것이 아니었다. 2개의 경기회복 정책은 에너지 효율화를 촉진하는데 초점을 맞춘 것이었다. 또한 에너지 효율 빌딩 재건축 및 에너지 효율화를 위해 또 다른 25억 유로의 채권 발행으로 마련한 구조조정 자금은 빌딩의 유지 및 현대화를 위한 기술 제공을 위해서 높은 세금 감면으로 대부가 촉진되었다. 양 조치들은 새로운 일자리 창출을 보장하고, 경우에 따라서는 일자리 창출을 촉진하여야만 한다.

녹색화에 부응하는 기술 개발 전략

환경 관련 기술공학 회사들은 현재 잘 설립되어 있으며 종종 시장의 리더가 된다. 새로운 제품과 공정에 대한 연구개발의 지속적인 투자는 독일의 경쟁력 우위 유지뿐만 아니라, 양질의 근로자(특히 기술적인 관점에서)를 적절히 공급하는데 도움을 준다. 실제적으로, 이들 제품에 대한 수요 외에도 양질의 인력은 회사의 입지를 확실하게 하는 유일한 가장 중요한 요소이다.

따라서 경제의 녹색화는 직무의 구성내용 및 공식적인 직업 훈련에 현저한 영향을 미쳤다.

녹색 구조조정에 대한 대응으로 경제 전반에 걸쳐 실시되는 재훈련에는 기술자격 훈련과정이 제공되고, 환경 관련 과목이 포함된 새로운 교육과정 및 향상 훈련과정이 개발되는 교육 훈련 시스템에 주된 초점이 맞추어진다. 현재는 환경 보호와 관련된 성인 직업훈련 과정 내용이 다양하다. 이것은 주로 환경 보호 주제를 우선적으로 교과과정에 포함시키는, 개정된 성인 직업훈련규정(Forbildungsordnung) 때문이다.

대조적으로, 제한된 규모 때문에 회사의 정책들은 중요하지 않은 것처럼 보인다. 그러나 사내 훈련 또는 정형의 훈련 프로그램에 녹색 관련 모듈을 보완하는 통합 교과를 위한 훈련 센터는 개발되고 있다. 회사에 의하여 추진된 3개의 기술 대응 사례 연구가 있다. (Q-Cells, 지멘스 풍력 발전 및 BMW)

환경 분야의 기술 요구는 주로 듀얼 훈련 및 대학 훈련 시스템 내에 정형의 훈련 과정을 신설함으로서 커버되었다. 이것은 회사 차원의 계속 훈련 보다는 오랜 전통인 독일 산업체가 조직한 듀얼 훈련에 따른다.

기존 직무의 녹색화는 아주 폭 넓은 범위의 직무에 영향을 미쳤다. 그러나 명백히 환경 문제가 포함되는 범위는 직업의 유형에 따라 크게 다르다.

최근 수년간 수학, 공학 및 자연과학의 낮은 졸업 비율은 2006년에 약 165,000명의 고급 엔지니어 및 기술공 부족 사태를 유발했다. 회사에 따르면, 기술력 부족은 이미 환경 분야의 성장을 방해하고 있었다. 그러나 경기 침체는 노동력 부족을 감소시켰고 환경 산업은 현재 보다 쉽게 최근의 일자리 공백을 채울 수 있다. 환경 분야의 가장 큰 문제는 엔지니어의 확보인데, 그 이유는 최근 수년간 졸업생 비율 또한 낮고 가까운 장래에도 변화가 없을 것으로 예상되기 때문이다. 무엇보다도, 아주 소수의 학교 졸업생들만 도제제도에 지원하고 있다는 것이다. 이러한 부족은 경기가 활황인 기간에는 피하기 어려우므로, 교육 및 훈련 정책은 중장기 방향에 맞추어야 한다. 따라서 인적 자본의 단기 조정 및 장기 축적 사이에 정확한 균형을 찾는 것이 중요할 것이다.

6.2.2 신생 기술 요구

녹색산업의 구조적인 변화

경제의 '녹색화' 결과로 기존 직무 또는 직무 내용이 완전히 사라지는 경우는 거의 없다. 이것은 주로 노동시장에서의 유연한 고용을 위해 도제생 및 학생들을 훈련하는 교육 시스템의 결과이다.

새로운 기술

경제 전반에 걸쳐, 모든 직무들은 최근 수년간에 어느 정도까지는 환경 보호를 포함하였다. 환경 보호는 언제나 기존 훈련과정 속에 통합된 추가적인 과목으로 나타난다.

성인 직업 훈련 과정은 학생들에게 점진적으로 그들의 직무수행 능력을 향상시키고 추가적인 전문가 자격 또는 더 상위의 학위를 받을 수 있는 기회를 제공하는 것을 추구하며, 이것은 그들이 선택한 직업을 발전시켜 나가는 것을 가능하게 한다. 예를 들면 이러한 방법으로 폐수 처리 감독관은 완료한 기초 직업훈련을 향상 발전시킬 수 있다.

태양전지 제조업체인 Q-Cells는 최근 수년간 결원된 일자리에 적합한 지원자가 부족한 사태에 직면했다. 게다가, 재생에너지 또는 태양전지 기술을 위한 듀얼 훈련과정이 없었으며, 국가 훈련 프로그램을 설치하는 태양전지 산업 진흥 정책도 없었다.

재생에너지에 관한 기초직업훈련은 아직도 존재하지 않으며 대학의 관련 학과에 재학하는 학생의 수도 아직은 소수이다. 지멘스 풍력발전 회사에 고용된 기술공들은 주로 전자 기술공 또는 기계 전공 졸업자들이다. 그러나 지멘스 풍력 터빈 회사의 높은 안전 및 기술 기준은 지속적으로 안전 및 기술 발전에 대한 훈련을 요구한다.

듀얼 도제제도 프로그램의 수준에 있어서 새로운 또는 현대화된 직무는, 기존 직무의 훈련 규정의 개정 또는 새로운 훈련 규정의 통합에 기인하여 나타난다. 1996년과 2009년 사이에, 82개의 직무가 새로 개발되었고 219개의 직무가 개정 되었다.

녹색화와 관련하여, 4개의 새로운 듀얼 도제제도 훈련과정이 2002년에 기존의 훈련 제공자 및 감독자로부터 설치되었는데 다음과 같다:

(a) 재활용 및 폐기물 관리 기술공(사례 연구 6);

(b) 상수도 공학 기술공;

(c) 오수처리 공학 기술공;

(d) 배관, 하수관 및 산업설비 기술공.

재생에너지 분야를 위한 훈련 비율-도제생과 회사의 전체 고용자 사이의 비율-은 전체 분야의 평균 비율이 6.5%임에 비하여, 약 5%에 머물고 있다. 재생에너지 회사들은 듀얼 훈련 과정으로 공급되는 근로자 보다 자격을 갖춘 근로자를 더 자주 고용하지 않는다. 이것은 다른 분야의 근로자를 고용한다는 것을 의미한다.

듀얼 도제제도 훈련 차원에서, 환경 보호는 모든 기초 직업훈련 과정에 들어갔으며, 따라서 전체 듀얼 직업 훈련에 녹색화가 들어가 있는 것을 볼 수 있다. 기술공학적인 변화의 결과로 기존 직무가 녹색화 되는 좋은 예는 태양열 설치 기술공이다. 태양열 시스템, 특히 개인 주택의 시스템을 설치하기 위해서는 숙련된 기능공이 필요하다. 성인 직업 훈련을 통하여 요구되는 직무능력을 갖춘 기능공, 위생 배관 기계공, 난방 및 공기 조화 그리고 전자공학 전공자가 목표 그룹이다. 이러한 방법으로, 이전에 오직 화석 연료를 기반으로 하는 시스템에서 일을 한 기능공들은 저탄소 시스템에 대한 재훈련을 받고 있다(아래 참조).

기존 직무의 녹색화

폐기물 관리 분야가 점점 복합적이고 기술적으로 정교해짐에 따라, 특별한 분야의 직종은 설비의 고장을 방지하고, 지켜야 하는 대기 공해 배출 규정을 준수할 필요가 있었다. 종전의 직업훈련 과정은 일반적인 훈련을 제공하였으나, 폐기물 관리 법규의 변화에 의하여 유발된 증가된 복잡함 및 기술공학적 변화는 더욱 더 전문성을 요구했을 뿐만 아니라, 증가하는 그 산업의 전문적인 특징에 맞추기 위해 고객 중심 및 서비스 중심의 강도 있는 훈련을 요구하였다. 새로운 법령 제정(빌딩 관리에 있어서 EU 에너지 달성 목표)에 따른 기술 적용을 설명하기 위해 에너지 자문에 대한 사례 연구가 포함되었다. 법령에 의하면, 빌딩 및 주택을 파는 집 주인 및 관련자는 빌딩에 필요한 에너지를 명확하게 나타내는 에너지 증명서를 갖추어야 한다. 성인 훈련을 수료하고 에너지 자문관이 된 지정된 전문가 집단만이 에너지 성적 증명서를 발급할 수 있다.

환경 분야 외의 직무에 대해서는, 폐기물 재활용 및 에너지 보존에 관한 기초 지식에 초점을 맞추어 학과목을 조정한다. 그럼에도 불구하고 회사들이 그들의 필요에 따라 도제생의 환경 관련 지식을 확대하는 것은 자유이다.

6.2.3 예상되는 기술 요구에 대한 접근 방법들

녹색 구조조정

저탄소 하이브리드 구동은 자동차 산업에서 성장하고 있는 추세이다. 예를 들면 자동차 제조업체인 BMW는 최근에 그들의 생산 품목에 2개의 하이브리드 자동차인, X6 및 7 시리즈를 포함시켰다. 하이브리드 자동차는 연료소비와 온실가스 배출을 감소하기 위해 연료 연소 엔진과 보조적인 전기 그리고 에너지 저장 장치를 갖추고 있다. 하이브리드 시스템에서 400볼트에 달하는 전기를 활용하는 것은 명백하게 건강 및 안전 문제를 야기하며, 이것은 기술공들이 하이브리드 공학기술의 전반적인 기술 지식을 갖출 것을 요구한다. 이것은 모터 자동차 메카트로닉스 기술공들이 새로운 기술을 개발하는 것이 필요하다는 것을 의미한다. 실제적으로, 제정된 법에 따라, 오직 관련 지식을 가지고 있는 훈련을 받은 전기공학자 또는 메카트로닉스 기술공들만이 하이브리드 자동차에 관한 업무를 수행할 수 있다.

화학 기술공 및 화학 산업의 4개의 다른 직종을 위한 훈련규정은 화학 산업에 대한 제품 책임주의(responsible care)의 개념이 도입됨에 따라 2002년에 개정되었다. 이것은 도제생들이 전 훈련 기간에 걸쳐 작업안전, 건강 및 환경 보호에 대한 지식을 증대하기 위하여 이 과목에 대한 훈련을 지속적으로 받는다는 것을 의미한다. 이러한 개념을 이와 관련이 있는 분야의 듀얼 도제제도 훈련에 통합하는 것은 모든 단계의 작업에서 이것의 적용 및 내재화를 확실하게 한다.

새로운 기술

사업 환경 과정을 위한 훈련 시장에 있어서 인지된 사업체의 필요와 실제적인 차이가 있다. 대학들은 회사 운영에 환경 보호(특히 에너지 및 탄소 비용 항목을 고려하여)를 충분히 포함시키지 않는 회사는 경쟁력 손실 및 비용 손실을 겪을 것이라고 믿는다.

태양전지 제조회사인 Q-Cells은 태양전지 산업의 생산 수준과 성장 목표를 보장하기 위한 필수적인 기술과 함께 태양전지 기술공의 부족을 경험했다.

풍력 터빈 공학기술이 더욱 전문화 되고 복잡해짐에 따라, 자격을 적용하기 위한 특별한 훈련의 필요성이 산업체에 의하여 확인되었다.

기존 직무의 녹색화

기술적으로 더욱 정교한 폐기물 공학기술과 연계하여 1990년대에 시행된 새롭고 더 엄격한 폐기물 처리 법안은 폐기물 분야의 중요한 새로운 전문적인 기술 및 환경적인 기술을 요구하였다.

중앙난방 및 배기에 관한 2003년 훈련 규정의 개정 시에는 서비스 중심 훈련뿐만 아니라 친환경적 에너지 사용에 보다 많은 초점을 맞추는 것이 요구되었다.

2007 에너지절약법은 에너지 사용과 빌딩의 온실가스 배출을 평가할 수 있는 훈련된 전문가를 요구하고 있다.

6.2.4 기술 요구에 대한 대응

녹색 구조조정

BMW는 2009년에 하이브리드 기술을 새로운 훈련 모듈로 하여 듀얼 도제제도에 직접 포함시킴으로서 하이브리드 자동차 메카트로닉스 기술력 부족을 해소하기로 결정하였다. 이것은 BMW에서 실시하는 훈련을 수료한 모든 모터 자동차 메카트로닉스 기술공들은 모든 하이브리드 자동차에 대한 작업을 할 수 있는 자격을 갖추게 된다는 것을 의미한다.

이것은 또한 기술공들이 회사를 변화시킬 수 있는 유연한 훈련을 제공한다. 이 모듈은 현재 리겐스부르크(Regensburg)와 딩골핑(Dingolfing)에 위치한 다른 BMW 생산 공장에서도 도제생을 위한 듀얼 도제제도 프로그램에 포함되어있다. 2010년부터, 독일에 있는 모든 BMW 생산 공장은 새로운 훈련 모듈을 포함할 것이다. 매년 약 100명의 도제생들이 이 훈련을 받는다(사례 연구 1).

제품 책임주의 프로그램의 결과로, 화학 산업은 모든 작업 공정을 본질적으로 더 청정하고 더 에너지 효율적으로 조정하였다(사례 연구 2).

새로운 기술

새로운 직무와 관련하여, 2개의 새로운 대학 학위과정이 시범적으로 개설되어 있다:

(a) 태양전지 생산의 기술적인 요구를 충족하기 위해 태양 기술학과가 쾨텐(작센안할트 주)에 위치한 응용과학 대학에 태양전지 제조업체들과 협력하여 설치되었다. 그러나 실제적으로는 폭 넓은 범위의 필요한 교과와 Q-Cells의 태양 전지 생산라인으로부터 광전지에 대한 통합된 전문가적인 기술 및 생산 지식을 가르치는 태양 전지 거대 제조업체인 Q-Cells(사례 연구 3)에 의하여 설치되었다.

(b) 녹색 경영 관리(사례 연구 4) 학과는 이저론(Iserlohn, 노르트라인베스트팔렌 주)에 위치한 응용과학 BiTS(경영 및 정보 기술학교) 사립대학에 개설되었다.

또 다른 학과가 새로운 지멘스 풍력 발전 훈련센터에 개설되어 있는데, 이것은 회사 직원 및 고객들에 대한 훈련을 개선하고, 건강, 안전, 기술력 및 전체 지멘스 풍력 발전 제품 시장에서의 높은 품질에 대한 인식을 개선하기 위해 계획된 것이다. 학과 내용은 서비스 활동의 성공적인 목표 달성을 촉진하기 위한 적합한 교과목으로 설계되었다(사례 연구 5).

더 많은 직무의 녹색화는 다음과 같은 영역에서 일어날 수 있다:

(a) 유기 농업을 하는 농업 분야 직무;

(b) 환경 친화적인 이동성을 지원하는 교통 분야 직무;

(c) 재생에너지 및 에너지 보존에 초점을 맞추는 에너지 분야 직무;

(d) 재활용 재료를 사용하여 제품을 생산하는 제조분야 직무;

(e) 미생물 분해성 물질을 사용하는 화학분야 직무;

(f) 대체 추진 기술공학을 개발하는 모터 자동차 분야 직무.

기존 직무의 녹색화

기존 직무의 녹색화와 관련하여, 다음과 같은 기초 직업훈련에 대한 2개의 사례 연구가 있다:

(a) 위생, 난방 및 공기조화(사례 연구 7) 배관 기계공 - 최근 수년간 고객 관계가 더욱 중요해짐에 따라 훈련은 더욱 서비스-중심으로 바뀌었다. 환경 친화적 에너지 투입을 활용하는 지식이 개정의 주요 부분이었다;

(b) 폐기물 관리 및 재활용 기술공 - 폐기물 분야의 증가하는 기술력 필요 요구에 부응하기 위하여 설치되었다(사례 연구 6). 그러나 회사들은 이 과정을 이수하는 도제생의 공급이 때때로 수요보다 적음에 따라 적은 숫자의 도제생에 대하여 아직도 불만을 한다.

이 장에서 세 번째의 사례 연구는, 새로운 법제정과 그에 따른 에너지 자문가에 요구되는 아주 명확한 기술 및 훈련을 정함에 따라 야기된 빌딩의 에너지 목표 달성 증명서에 주요 초점을 맞춘 에너지 자문가에 관한 것이다(사례 연구 8).

6.2.5 결론

경제 및 노동시장에서의 주된 '녹색화' 변환 - 회원국의 변화의 일반적인 특성(추진 주체 및 영향) - 구조적 변화와 사양 산업과의 관계

새롭고, 특별한 녹색 직무의 창조보다는, 주류 산업 및 사업뿐만 아니라 생태 산업의 증가하는 녹색 현상에 대한 기술 요구를 고려하여 많은 직무와 훈련 교과과정이 조정되었다는 것이 주요 착안점이다. 기술 대응은 통합된 접근법을 따랐다. 특별한 직무에 초점을 두는 것보다 통합적인 접근법에 초점을 두는 것이 숙련된 작업자 및 더 나은

일자리 기회를 유연하게 활용하는 것을 보장한다.

녹색 기술 공급을 개선하기 위해, 비 환경관련 직무의 더 많은 통합을 추구할 필요가 있으며, 환경 분야를 위한 더 수준 높은 직무의 전문화가 필요하다.

총체적으로, 논의된 바와 같이, 이 연구의 목적이 주로 수요 중심의 훈련 적용 구조에 따른 것이므로, 이 연구는 독일 VET 시스템에 완전히 적용되지는 않는다.

기술 영향 및 개발 - 분야/직무에 의한 새로운 그리고 변화하는 기술 요구

이 연구에서 도출된 중요한 사항은 대부분 근로자의 직무가 환경의 중요성을 고려하여 수정되었으며, 경제의 녹색화에 대한 전반적인 독일의 목표에 일치하였다는 것이다. 새로운 직무가 나타나면, 수정된 기존의 아주 많은 직무와 비교하여 새로운 직무의 관련은 적다.

도제생의 숫자가 적어서 수작업 분야의 도제생을 채용하는데 문제점을 야기하는 분야, 특히 폐기물, 하수 및 위생, 난방 및 공조 분야에 대한 논쟁이 있다.

새롭게 부상하는 기술 요구를 정의함에 있어서의 변화의 속도

듀얼 도제제도 훈련의 현대화 또는 새로운 도제제도 훈련 프로그램을 설치하는 것은 합의에 의하여 결정됨으로 많은 시간이 걸리고, 이것은 변화의 속도를 감속시킨다. 한편으로 계속 성인직업훈련은 기술 요구의 수요 변화에 유연하게 대응할 수 있고, 새로운 기술 요구를 최우선적으로 이 훈련에 적용하였다.

대학들은 최근 새로운 수요에 부응하기 위해 새로운 과정을 개설하였다. 그러나 이 변화는 적용에 많은 시간이 소요된 듀얼 직업훈련 시스템보다는 문제점이 거의 제기되지 않았다.

회원국/지역의 기술 예측 범위와 능력 그리고 예상 및 부응하는 VET 시스템

연방 환경부, 자연보전과원자력안전부(BMU), 그리고 교육훈련을 책임지는 부서, 특히 연방 교육 및 연구부(BMBF), 직업교육 및 훈련 연방 기구(BIBB) 사이의 협력 관계는 개선될 수 있었다. 16개 주 정부가 이 과정에 포함되어야 함에 따라, 협력을 감속시키는 3자간 협력 시스템은 주 정부 차원에서 규정된다. BMBF와 BIBB가 교육 및 훈련 시스템에 대해 주된 책임을 지고 있다. BMU는 오직 학습 및 교육 재료를 제공할 수 있으며, 여기에는 많은 전문가적 지식이 포함된다. 이들 재료의 활용은 더 나은 협력이 보장되어야 한다.

기술 요구의 확인, 예상, 그리고 대응과 관련한 좋은 실무 학습

직업훈련법에 따라 특수한 기술의 필요는 새로운 훈련 규정의 개정 또는 신설을 위해 실무에서 확인되어야 한다.

2006년에, 연방 환경부는 환경 공학기술/재생에너지 분야의 회사들과 협력하여 '환경이 미래를 창조 한다'라는 제목으로 교육 발의를 하였다. 그 결과로 2009년에 6,000개의 추가적인 도제제도가 신설되었다. 이 계획은 환경 분야에서 요구되는 도제제도 직종, 기술 및 직무능력을 확인하는 것이 목적이다.

BMW는 2009년에 이 회사의 하이브리드 훈련 모듈, 듀얼 도제제도 프로그램과의 밀접한 관계 및 노동 시장 관련 등에서 모범적인 역할을 수행함에 따라 연방 직업교육 훈련청(BIBB)으로부터 혁신상을 수상하였다.

6.2.6 권장 사항

회원국들의 기술 예측 접근법을 위하여

훈련 제공, 특히 고숙련 일자리에 대한 훈련 제공 방향을 정하는 것을 돕기 위해 보다 조직적으로 녹색 일자리의 양을 정하는 것뿐만 아니라, 녹색 기술 및 직무능력을 잘 측정하는 것이 중요할 것이다. 마찬가지로, 환경 투자에 의한 일자리 창출 효과는 더욱 개선될 수 있다. 특히 녹색 투자에 의한 순수한 효과는 정확하게 측정되지 않는다. 전체적으로 공급 측면의 이행이 아주 잘 되었음에도 불구하고, 교육 정책은 환경 분야의 높은 성장을 과소평가 했으며, 그에 따라 어느 정도의 기술 부족을 야기한 기술 및 노동력 요구를 실제보다 적게 산정했다는 일부의 믿음이 있다.

녹색 기술 또는 녹색 일자리의 수요를 결정하는 기술 확인 또는 예측 시스템은 존재하지 않는다. 추가적인 일자리 또는 다른 훈련 형태의 수요를 확인하기 위해서는 더 많은 연구가 필요하다. 예를 들면, 2년 과정의 도제제도 프로그램 또는 재생에너지 도제제도 과정을 도입하는 것이 유용할 수도 있다. 그러나 적합성에 대한 평가는 아직 수행되지 않고 있다.

회원국/지역의 VET 시스템을 위하여

공적 자금이 투입된 평생 학습 시스템은 작업장 보다는 노동시장에 요구되는 기술을 제공하기 위해 필요하다. 독일은 오래전부터 이러한 평생 학습의 개발에는 소극적이었다; 그럼에도 불구하고 인구통계학적 변화에 기인한 기술인력 공급의 감소는 이 분야에 중점을 아주 크게 둘 것을 요구한다.

환경 관련 교육 훈련 수단 및 접근법(시범 사업 포함)이 조기에 학교를 그만 두는 비율을 어떻게 낮출 수 있는지, 이민 온 젊은이들의 직업 전망을 개선하는데 어떻게 활용될 수 있는지를 모색함으로서 기술인력 부족을 방지할 수 있을 것이다.

고용주를 위하여

환경 관련 제품 및 서비스 제공을 개선하기 위해서는 더 높은 차원의 직무 전문화가 필요하게 될 것이다. 전문가의 공급은 숙련된 작업자의 수요를 성공적으로 조정하는 주축이 될 것이며, 만약 그 분야의 미래 성장 예측이 정확한 것으로 나타나면 특히 그러할 것이다.

많은 비-환경 직무에 환경 공학기술을 접목하고, 더 높은 환경 기준을 적용하기 위해서는 녹색 직무능력의 지식 통합 수준을 더 높이는 것이 필요할 것이다. 이것은 환경 정책의 야망 찬 환경 보호 목표를 달성하기 위해 요구된다.

사회적 파트너를 위하여

사회적 파트너는 듀얼 및 대학 교육 양쪽의 훈련과정을 형성하는데 중요한 역할을 한다. 이들은 새로운 훈련 프로그램의 내용을 개정하는데 참여한다.

6.3 에스토니아

6.3.1 환경문제의 도전, 주요 과제 및 기술 대응 전략

환경문제의 도전 및 주요사항

지난 20년 동안, 에스토니아는 기본적인 정치, 사회 및 경제의 구조조정을 겪었다. 경제의 녹색화 및 부응하는 기술 대응은 이러한 맥락에서 분석되어야 한다. 기술 예측 및 훈련은 주로 각각의 정부 부처에 의하여 제공된다. 따라서 기술대응은 정책 수단 및 공식 교육 시스템의 개정으로 특징지어진다.

경제 녹색화의 우선 분야는 에너지, 운송 및 건축이다. 주된 관심사항은 안정적인 에너지 공급, 에너지 생산의 환경 영향, 에너지 가격, 빌딩의 에너지 소비 감축, 그리고 친환경적 운송이다. 오일 셰일 에너지 생산의 감소에 따라, 재생 에너지 개발도 중요하다. 녹색화의 잠재력이 큰 분야는 오일 셰일 에너지 생산; 에너지, 가스 및 물 공급; 폐기물 관리; 임업 및 농업분야이다.

직무 구조는 경제 구조와 함께 변화해 왔다. 일반적으로, 수작업 근로자들이 전체 고용된 숫자보다 감소한 반면에 전문가와 서비스업 종사자들의 비율이 증가하였다. 분야별 고용은 현재 수준에서 머물 것으로 예상된다. 가장 많은 직무들이 녹색화 직무에 속해 있다.

대응 전략

녹색 경제로 옮겨가기 위해, 정부는 다음과 같은 4개의 주된 활동 방향을 정하였다:

(a) 에너지 소비의 효율화;

(b) 재생에너지 활용의 다양화;

(c) 오일 셰일-기반 에너지 생산 개발-효율성 증대 및 환경 영향 감소;

(d) 전반적인 경제 활동의 환경 영향 감소 및 녹색 사업주의 개발.

지속가능한 발전을 위한 주된 정책에 따라 에너지, 운송, 농업, 임업, 관광, 화학 산업, 건축 재료 산업 및 음식 산업 분야에서 많은 법령들이 제정되었으며, 지속가능한 성장에 관한 법(1995) 및 지속가능한 성장에 대한 국가 전략(2005) 등이 있다.

경제 위기에 대한 대응

성장 및 일자리 2008-11을 위한 행동 계획에는 다음과 같은 주요 쟁점이 포함되어 있다:

(a) 2011년 유로 통화권에 합류하고, 중장기적으로 높은 투자 수준과 호혜적인 관세 수준을 유지하기 위해 낮은 공적 채무를 유지하면서, GDP의 3% 한도 내에 공적 결손을 유지하기 위한 보수적인 거시경제 정책의 채택;

(b) 투자 및 생산성을 향상시키기 위해 전반적인 사업 환경의 개선을 통하여 근본적으로 기업의 수출 잠재력의 거양. 이것의 목적은 수출 회사에 대한 지원을 통하여 2008년 수준의 GDP와 비례하는 수출의 역할을 유지하는 것이다;

(c) 평생 학습에 대한 재정 지원 증대로 기술 개발, 계속 교육 및 재훈련을 위한 더 많은 자원의 확보, 그리고 저고용 시기를 활용하여 최소한의 단일 유럽 자격체계 등급에 의한 50,000명의 기술 향상;

(d) 장기 실업을 방지하기 위한 공공 투자의 증대 및 추가적인 지원금을 제공하여, 기업 환경의 개선 및 일자리 창출 촉진으로 고용 유지.

노동시장의 회복을 지원하기 위해, 정부는 실업 감소에 대한 행동 계획을 채택하였다 (2009). 이 계획은 새로운 일자리 창출에 대한 지원, 실업 방지를 위한 조치, 추가 훈련 및 재훈련 기회 제공의 개선 등을 포함하고 있다. 경력 카운슬링의 유효성 및 유연성은 증대할 것이다. 전체적으로, 노동시장 활성화 조치에는 '양질의 노동력 공급 증대' 프로그램 틀에서 2009년에 4억 5천9백만 크룬(에스토니아 화폐단위) 그리고 2010년에는 6억 1천8백만 크룬의 자금이 투입될 것이다.

녹색화에 대응하는 기술 개발 전략

녹색 기술 촉진은 환경 교육의 한 부분이다. 2005년에, 환경부장관 및 교육연구부장관이 우선적으로 환경 교육 발전 계획 수립을 위한 협력 각서에 서명했다. 목표는 환경에 대한 가치를 알고 및 보호하는 책임 있는 국민으로 만들기 위해 교육 과정을 활용하는 것이다.

교육시스템을 보다 효율적으로 만들고, 평생 학습 촉진 노력을 강화하며, 학교의 중도 탈락률을 감소시키는데 초점을 맞추고, 경쟁력 확보에 도움을 주는 연구 분야로서 과학 및 공학기술 교육을 촉진하며, 노동시장에 진입하는 고위험 그룹을 도움으로서, 인적자원의 질을 향상시키는 것이 향후 몇 년간 정부의 주요 과제이다. 사람의 기술을 향상시키는 것 외에, 정부는 또한 에스토니아로 다시 돌아오는 이주 근로자들의 용기를 북돋아 주기를 희망하고 있다.

전통 산업을 지원하기 위해, 새로운 공학기술의 적용과 기업의 생산성 증대, 인적 자원의 개발과 선도적인 개발 인력의 채용, 그리고 경쟁 우위 확보 수단으로서 전문적인 설계의 적용 등을 목표로 하는 새로운 조치들 역시 강구되고 있다. 기업체가 주도하는 협력 네트워크 및 클러스터 개발이 활성화 될 것이다.

지속적이고 확대된 지원이 새로운 경쟁력 있는 공학기술, 제품, 서비스 및 공정 개발 프로젝트에 제공될 것이며, 이것을 위해 수출 오리엔테이션 및 친환경적인 지속가능은 아주 중요한 이점이 될 것으로 간주된다. 많은 전통 산업 분야의 요구에 기초하여, 시험 및 인증, 설계 및 생산성 관리를 포함하는 프로젝트에 지원이 제공될 것이며, 대체적으로 이것은 공학기술의 개발에 초점을 맞추는 것보다는 규모가 작고, 위험도가 낮다.

6.3.2 부상하는 기술 요구

녹색 구조 변화

다음과 같은 국가 산업 분야들이 경제의 녹색 구조조정을 위한 잠재력이 크다:

(a) 농업(바이오메스, 바이오연료 및 바이오에너지; 유기농업);

(b) 임업(산림 복합 경영, 신 공학기술의 적용, 목재 펠릿 생산);

(c) 광업 및 채석(신기술 적용, 광산의 수 처리; 노천 채석 지구의 치유);

(d) 전기, 가스 및 물 공급(에너지 생산에 있어서 환경 친화적인 공학기술의 적용; 재생에너지 자원을 사용하는 열 및/또는 전력 설비와 보일러 설비; 재생 연료, 폐기물 및 오일 셰일의 복합 연소; 에너지 기업체, 전기 네트워크 및 열 수송배관의 에너지 보존; 수 처리);

(e) 정제 석유 제품, 화공품 및 화학제품의 제조(오일 셰일 및 에너지 재생 자원으로부터 모터 연료 생산을 위한 신기술, 오일 셰일로부터 화학제품 생산을 위한 신기술);

(f) 목재 및 목제품 제조(원목의 복합적 활용; 원목 변형을 위한 신기술);

(g) 운송 및 운송 활동의 지원(환경 친화적인 운송);

(h) 건축(건축 및 개조를 위한 신소재 및 신기술; 지역난방 네트워크의 노후된 열 수송 배관의 개선; 태양열 주택의 건축);

(i) 부동산 및 임대주택 사업(아파트의 에너지 면허 및 에너지 감시; 아파트의 개선 및 재건축);

(j) 기타 경제 활동, 예를 들면 레저 및 관광.

현재, 노동시장은 고용주의 근로자 능력에 대한 요구와, 일반적으로 나이가 많은 근로 연령 인구의 실제 기술수준 사이의 불일치가 특징이다. 그러므로 재직 중인 근로자의 지식 및 기술 수준을 향상시키는 것이 필요하다. 노동력 조사 및 예측에 따르면 직무의 큰 그룹 내에서 일부 변천은 있는 것으로 나타나지만, 환경적인 퇴화, 기후 변화 또는 환경 정책의 결과로 폐지되는 직무 또는 직종은 없는 것으로 나타난다.

신기술 및 기존 직무의 녹색화

2009년 11월, 혁신 재단(Cedefop 파트너)은 에스토니아의 녹색 경제에 대한 첫 세미나를 개최하였다. 이 세미나의 결론은 다음과 같은 것을 포함하여 녹색 경제와 관련된 특정 공학 기술이 필요한 직무 및 직업군의 수요가 증가함을 지적하였다:

(a) 녹색 경제 개발과 관련된 엔지니어, 디자이너 및 연구원;

(b) 녹색 공학기술을 활용할 수 있는 기술공;

(c) 건축가, 도시 및 운송 플래너;

(d) 신기술 적용에 관하여 기업 및 수요자를 조언하는 자문가;

(e) 에너지 감시자 및 환경영향평가사.

녹색 경제의 기술공학적 변화 및 혁신을 이끄는 엔지니어, 디자이너 및 연구원 중에는, 태양 전지 및 연료 전지 공학기술과 같은 새로운 전문직들이 많이 있다. 그렇지만, 새로운 녹색 일자리가 경제의 녹색화 과정 중의 아주 높은 수요를 감당할 수 있을 것이라고 기대하기는 어렵다. 현재까지, 새로운 녹색 직무에 대한 직무기준을 개발한 경험상으로 신기술과 관련된 공학적인 기술과, 일반적인 기초기술, 예를 들면 팀 작업, 의사소통, 학습 및 기업가 정신, 양쪽 모두가 중요한 것으로 보여 진다.

에스토니아에서 새로운 에너지 공학기술을 개발하고 적용하는 것은 두 가지 차원에서 기술 요구와 밀접한 관계를 가진다:

(a) 오일 셰일 생산에 사용된 최첨단 공학기술에 속한 새로운 기술의 개발 및 수출;

(b) 바이오 연료와 같이 에스토니아에서 주된 역할을 하는 핵심 공학기술에 중요한 직무능력의 향상.

6.3.3 예상되는 기술 요구의 접근법

녹색 구조조정

경제통신부(MEAC)는 2003년 이래 노동력 수요 예측을 준비해왔다. 예측은 매년 업데이트된다. 예측은 IVET, 고등교육 및 성인교육을 실시하는 국가 위탁 교육기관에서 제안을 할 때 하나의 입력요소로서 교육연구부(MER)에 의하여 활용된다. 노동력 수요 예측은 3가지 요소로 구성 되며, 새로운 일자리의 창출, 노동시장으로부터의 퇴출(사망 및 은퇴), 그리고 국가 경제의 다른 분야 사이의 노동력 이동이다. 35개 경제 분야 그리고

5개의 통합된 직무 그룹에 대하여 조사된다.

국가 위탁 교육기관의 요구에 관하여 다음의 3개의 단체가 교육연구부에 조언을 한다.

(a) VET 위원회;

(b) 고등교육 위원회;

(c) 성인교육 위원회.

이들 단체들은 다른 부처 및 정부기관(MER, MSA, MEAC, ME), 고용주 협회, 노동조합 및 교육 제공자들을 포함하여 다양하게 구성된다. 따라서 이들 위원회는 공식 교육의 관련 분야와 관계된 기술 개발 이슈에 대한 사회적 논의의 장을 제공한다. 전문가의 분석 및 사회적 논의 결과에 따라, 관련 교육기관(VET 기관, 전문 고등교육기관 및 대학교)을 위한 국가 지침이 학습 분야 및 학습 프로그램 그룹 전반에 걸쳐 준비되고 (ISCED97에 따라), 그 다음 교육연구부(MER)에 의하여 승인된다.

신기술 및 기존 직무의 녹색화

2006년에, 경제통신부(MEAC)는 에스토니아 에너지 공학기술 전략에 대한 연구를 의뢰하였다. 이 연구는 회사, 연구기관, 대학교 및 각 에너지 관련 산업 부문의 공공기관의 견해를 함께 도출하였다. 이 연구로 다음과 같이 개발을 해야 할 3개 주요 영역을 정할 수 있었다:

(a) 오일 셰일 전체 처리공정의 개발 및 개선;

(b) 에너지 재생 자원의 조사, 이용 및 개발;

(c) 새로 부상하는 에너지 자원의 연구 및 개발.

또한 다음과 같은 일반적인 평범한 목표들도 확인되었다:

(a) 에너지 소비의 감소 및 개선된 에너지 효율;

(b) 개선된 환경적인 지속가능성;

(c) 연구 개발 투자의 증대 및 지적자산 권리 가치 산출.

효율성과 신뢰성을 제고하기 위한 송전 네트워크의 개발, 그리고 풍력 발전의 활용 증가에 의하여 발생한 새로운 도전이 환경에 특별히 중요한 필수적인 분야이다. 열 생산 및 분배 시스템은 효율성 확보에 있어서 특별한 잠재력을 가진 분야이다. 그러나 이것은 기존의 기반시설 개선과, 새로운 기반시설 개발 모두에 투자를 필요로 할 것이다. 총체적으로, 지식 및 기술의 일반적인 수준에서는 괜찮은 편이나, 국제적인 무대에서 에스토니아가 뛰어난 특별한 전문분야는 없다.

6.3.4 기술 요구에 대한 대응

녹색 구조조정

현재까지, 국가 예산이 지원되는 직업교육을 통하여 근로 연령 인구의 능력을 향상시키는데 주 초점을 맞추어왔다.

다음은 2009년간에 향상훈련 및 재훈련의 효용성을 제고하기 위해 시행된 정책들이다:

(a) 노동 시장 훈련을 위한 추가적인 선택으로 실직자를 위한 개인맞춤형 훈련 바우쳐 시스템. 훈련 바우쳐는 실직자들에게 개인의 필요에 기초하여 적합한 향상훈련을 재빨리 찾을 수 있도록 해준다(실업 보험 기금);

(b) 관리자 및 고용자들의 기술 수준 향상을 위해 고용주를 위한 훈련 바우쳐(에스토니아 기업체);

(c) 적용 중인 노동시장 조치의 효율성을 증대하기 위해 노동시장 훈련의 공적 조달 절차의 단순화 및 기간단축

2008년 동안, 성인 교육의 새로운 기금 지원 정책이 승인되었다. 다시 말하면 근로 연령 사람들을 위한 직업학교의 재직 훈련에 대한 국가 기금 지원이다. 무료 재직훈련 제공은, 실직의 가능성과 실직 상태의 지속을 감소시키면서, 낮은 수준의 교육을 받은 작업자들의 지식을 향상시키는 것을 돕는다. 한편, 직업학교에서의 성인교육의 비중은 증가하였다.

가장 최근에, 성인교육 2009-13을 위한 새로운 발전 계획이 2009년 9월에 승인되었다. 이 정책은 성인 학습 기회의 상당한 팽창을 예측하고 있으며, 더 많은 사람들을 교육과 훈련에 끌어들이는데 주도적인 역할을 할 것이다. 주된 목표는 기술 및 교육 수준을 총체적으로 개선하는 것과, 평생 학습에 참여하는 성인의 숫자를 증대하는 것이다. 직업 교육을 받지 않았거나 직업 전문성이 없는 사람들의 비율을 감소시키고, 자기의 자격 수준을 향상시키기를 원하는 사람들에게 기회를 제공하기 위한 양질의 훈련 시스템을 창출하는 것 또한 중요한 문제이다.

신기술 및 기존 직무의 녹색화

2007-8년 사이에 사람들의 전반적인 기술 향상을 위해 많은 조치들이 일반, 직업, 고등 및 성인 교육과정에 적용되었다:

(a) '고등 교육 및 직업 교육 교과과정의 현대화 및 고등교육 학습 성취도와 노동 시장 요구와의 일치. APEL 시스템(선행 경험 학습의 인정)의 원리가 도입됨;

(b) 에스토니아에서 석사 및 박사 학위 과정에 더 많은 외국 학생을 유치할 수 있도록 교육 기관에 재정적 지원 조치; 이들이 학업을 마친 후 더 장기간 머물게 하고 에스토니아 노동 시장(특히 연구 및 개발 업무)과의 결속을 단단하게 함;

(c) 고등 교육의 질 및 경쟁력을 강화하기 위한 DoRa 프로그램(박사과정 연구 및 세계화를 위한 프로그램)의 출범;

(d) 양질 인력의 이용도를 확보하기 위해 에스토니아 석사과정 학생들의 해외유학 지원;

(e) 고등 교육 및 직업 교육 기관의 교육 시설(교실, 학습 기자재) 현대화;

(f) 교사들을 위한 요구-기반 추가 훈련 시스템을 개발하여 직업 및 일반 교육기관 교사들의 자질 향상;

(g) [...]

(h) 초등 및 중등학교 수준에서 과학 과목의 중요성 증대에 의하여 그리고 중등학교 및 직업 교육 학생들의 선택의 자유가 증가함에 따라 과학 및 공학 학습 분야의 촉진; 비형식적 교육 기관을 위한 공학 및 자연과학 교과과정 개발;

(i) 직업 교육, 고등 직업 교육 및 비형식적 교육기관을 통하여 성인을 위한 향상 훈련 및 재훈련 기회의 확대;

(j) 사회적 요구 및 노동력에 기초하여 경력 개발을 위한 제도의 후속 개발.'
(2009-11경쟁력을 위한 에스토니아 전략, 2009, p.21-22).

에스토니아의 사회경제적 구조 때문에 기술 예측 및 준비는 거의 대부분 정부의 책임으로 되어있다. 이러한 접근법은 몇몇 직무의 녹색화를 위한 공적 자금 훈련을 제공하는데 있어서 성공적이었다(사례 연구: 임업 및 에너지 감시자). 그러나 기업이 기술 예측을 주도하고 재직자 훈련을 실시하는 회사 차원의 다수의 정책들이 관찰되었다. 이것들은 특히 에너지 분야(사례 연구: 오일 셰일 광산, Eesti Energia 및 ABB)에서 효과적이었다.

6.3.5 결론

경제 및 노동시장에서의 주된 녹색화 변환 - 회원국의 변화의 일반적인 특성(추진 주체 및 영향)

지난 20년 동안, 경제는 훨씬 많이 녹색화 되었다. 녹색 경제로의 발전에 있어서 2개의 주된 방향을 확인 할 수 있다:

(a) 경제의 많은 분야에서 새로운 청정 공학기술의 적용;

(b) 소련이 남긴 환경 문제에 대한 개선

일부 더 많은 녹색 경제로의 진전이 낮은 수요의 결과로 자동적으로 발생했다. 예를 들면, 농업 분야에서, 한정되고 낮은 생산 수준이 환경 공해를 현저하게 감소시켰다. 그렇지만, 이 분야는 더 큰 녹색 잠재력을 가지고 있으며, 특히 유기농업 및 바이오 에너지 생산에 있어서 그러하다.

EU의 구조 기금 지원은 에스토니아 경제의 녹색화를 위한 각 프로젝트를 적용하는데 아주 중요한 역할을 하였다.

정부는 경제의 환경 친화성을 개선하기 위해 다음과 같은 4개의 주요 실천 방향을 정하였다:

(a) 에너지 소비 효율성;

(b) 재생에너지의 다양한 활용;

(c) 효율성은 증대하고 환경 영향은 줄이면서 오일 셰일을 기반으로 하는 에너지 생산 증대

(d) 전반적인 경제의 환경 영향 감소 및 녹색 기업가 정신의 개발

경제의 구조조정은 노동시장 구조에 실질적인 변화를 가져왔다. 1차 산업 분야 특히 농업의 비중은 몇 배나 감소했다. 3차 산업 분야는 더욱 중요해진 반면, 2차 산업 비중은 제자리걸음이다. 예측에 의하면, 1차 산업은 또한 수년 내에 고용이 줄어들 것이다. 서비스 분야 및 제조업에서의 경제 활동은 증가하고 있다.

기술 영향 및 개발 - 분야/직무에 의한 새로운 그리고 변화하는 기술 요구

경제 구조가 변화한 것처럼 직무 구조도 변화하였다. 전문가(ISCO 2-3)와 서비스 종사자(ISCO 4-5)의 비율은 증가하였다. 우리는 이러한 추세가 원만한 속도로 지속될 것이라 생각한다. 그러나 수작업 근로자(ISCO 6-8)는 새로 고용되는 숫자보다 감소하였다. 예측에 따르면, 수작업 근로자 비율은 현재 수준에서 머물 것이다.

국가 경제의 녹색 구조조정은 새로운 공학기술의 개발 및 적용과 사람들의 태도 변화에 크게 의존한다. 그러므로 녹색 경제 구조조정의 도전에 부합하기 위한 기술 대응은 IVET 및 CVET 뿐만 아니라 고등교육 및 일반 교육에도 포함시켜야 한다. 노동시장의 변화하는 요구에 따라 사람들이 자신의 기술 수준 및 능력을 제고하기 위한 동기유발은 앞으로의 경제 발전을 위한 아주 중요한 요소들 중의 하나이다.

기술 요구의 확인, 예상, 그리고 대응과 관련한 좋은 실무 학습

효과적인 전달 기구는 민간 기관, 개인 또는 회사, 그리고 국가 지원의 연합에 기반 한다. 지난 5년간의 재직자 훈련을 포함하여 성인 교육 및 훈련 개발의 눈부신 진전은 좋은 예이다. 여러 평가에 따르면, 에스토니아는 현재의 경제 위기로부터 녹색 경제의 도전을 위한 보다 잘 준비된 국가로 옮겨갈 것이다.

6.3.6 권장 사항

회원국들의 기술 예측 접근법을 위하여

분야별 조정 기구와 지속가능한 개발에 대한 에스토니아 국가 전략인 '지속가능한 에스토니아 21'과 함께 다른 중기 전략을 강화하는 것과 전략적 과정의 가시성을 증대하는 것이 권장된다. 정부 및 의회는 장기 평생학습 전략을 수립하는데 참여한다.

국가 자격 시스템은 노동시장과 평생학습 시스템 사이의 매개체이다. 부분적인 자격에 대한 표준으로 모듈화 된 직무 표준을 개발하는 것이 권장된다. 잘 조정되고 학업 성취도 접근법에 기초한 새로운 세대의 모듈화된 VET 국가 교과과정 개발도 마찬가지이다.

회원국/지역의 VET 시스템을 위하여

교육 기관의 국가 위임사항은 정기적으로 평가를 받아야 하며 만들어진 정책 권장사항이 적절해야 한다. 국가 R&D 프로그램의 적용은 이해관계자 사이의 협력 문화를 촉진하는데 사용되어야 한다.

이 연구로부터, 기술 요구(직무 기준, 국가 교과과정, 학교 교과과정)의 양적인(교육 기관에 대한 국가 요구) 인식과 질적인 인식은 별개의 활동이다. 기술 인식의 이 두 가지 측면은 서로 밀접하게 움직여야 한다.

상기 절차의 한 부분으로, 주요한 경제 분야의 직무능력에 대한 실제적 직무 조사는 정기적으로 수행되어야 한다. 이것은 직무에 대한 직무수행능력 항목뿐만 아니라 분야 내의 노동시장 경향을 확인하게 해 줄 것이다. 국가 검정 시스템에 부분적 자격을 포함시키는 것은 시스템의 유연성을 지속적으로 증가시킬 것이다. 결과적으로, 질적인 기술 요구 조사는 에스토니아 통계청에 의하여 수행된 정기적인 노동력 조사와 통합되어야만 한다.

6.4 스페인

6.4.1 환경문제의 도전, 주요 과제 및 기술 대응 전략

환경문제의 도전과 과제

스페인의 기후 변화에 대한 도전은 3가지로서, 기온 상승, 강수량 감소 및 해수면 상승이다. 지구 온난화는 농업 및 목축업에 영향을 미치는 생태다양성에 중대한 변화를 가져왔다. 강수량 감소는 농업 생산, 산림 밀도, 토양 침식 및 비옥도에 중요한 영향을 줄 뿐만 아니라, 많은 도시의 물 공급에 대한 잠재적인 부정적인 영향을 미치는 수자원 부족사태를 유발한다. 경제적 발전 및 인구 증가 또한 기후 변화를 감소하기 위한 노력에 영향을 미친다. 물 문제는 현재의 도시 성장과 주기적인 한발에 의하여 더 악화된다.

그러므로 에너지 확보 및 물 부족 문제를 해결하는데 정책의 초점을 둔다. 재생에너지 생산 및 바닷물의 담수화 기술은 지난 10년간에 걸쳐 광범위하게 개발되었다. 에너지 및 물 정책은 녹색 경제로의 이동에 핵심이 된다.

대응 전략

기후 변화의 도전에 대한 정책 대응은 국가의 각 행정 단위 즉, 중앙 정부, 지자체 및 지역 위원회, 기후변화 대응 전략을 위한 특별 기관에 의하여 추진된다. 이 전략은 각각의 법, 계획 및 법령으로 구성되며, 다른 분야의 정책 및 전략과 연결되어 있다.

주요 국가 환경문제 전략으로는, 2006 스페인 기후 변화 및 청정 에너지 전략 (EECCEL), 2007 스페인 국가 기후 변화 적응 계획(PNACC), 그리고 2007 스페인 지속발전 전략(EEDS)가 있다. 또한 운송, 공해, 물 및 에너지를 위한 부문별 계획이 국가 전체적으로 시행되었다. 지방 위원회 차원에서 만든 '의제 21'을 비롯하여, 지자체가 만든 다수의 정책들은 정부 전략을 보완한다.

현재 경제 위기에 대한 녹색 대응

2008년 12월에, 정부는 GDP의 약 1%에 달하는 110억 유로의 경기 부양 정책을 출범시켰다. 이 정책에는 환경 프로젝트에 대한 6억 유로와, 5억 유로에 달하는 연구 개발 자금이 포함되어 있다. 이것은 기반시설 프로젝트와 침체된 자동차 분야에 대한 기금 투입과 함께 이것은, 정부가 녹색 경제와, 성장 및 발전을 촉진하는데 있어서 정부의 역할이 중요하다는 것을 시사한다. 경제 위기에 대한 대응에 있어서, 정부는 스페인 경제 및 고용 촉진 계획(Plan E)을 2009년 초에 출범시켰으며, 그해 하반기에 지속가능한 경제에 관한 법(LES)에 관하여 논의하였다.

Plan E는 경제를 더욱 더 지속가능한 구조로 가져가기 위한 장기 개혁 계획 도입을 지향하면서 단기 패키지를 담은 포괄적이고 광범위한 전략이다. 이것은 초등교육부터 대학교 및 연구기관의 R&D 프로젝트까지 중요하고 포괄적인 기술 개발 전략을 포함하며, 어느 정도까지는 환경 정책에 의하여 야기된 기술 요구를 다룬다.

이 전략은 친환경적인 운송을 위한 기금 지원 계획(Plan VIVE), 저탄소 자동차에 대한 R&D(Movele 프로젝트) 뿐만 아니라, 에너지 효율성 및 절감 계획 2008-11, 재생에너지 계획 2011-20, 재생에너지 및 에너지 효율성 법, 그리고 철도 화물운송 촉진 계획을 위한 추가적인 지원 등을 포함하여, 환경의 지속가능성 개선을 위한 많은 조치들에 의하여 지지된다.

녹색화에 대응하는 기술 개발 전략

다수의 기술 훈련 대응책이 환경 정책에 포함되어 있고, 고등 교육 시스템에서 다양한 환경 관련 프로그램의 진보적인 개발이 있음에도 불구하고, 녹색 경제를 위한 기술 요구를 목표로 하는 뚜렷한 국가 전략은 없다. 많은 공공 전략 문서들에서 더 많은 기술 훈련의 필요성이 확인되지만, 직무가 수반된 기술 요구를 확인하는 최우선적이고, 포괄적인 기술 훈련 전략은 없다. 그리고 공공 기관에서의 환경 훈련 관련 최근 심포지움[4]에서는 각 다른 행정 부처 차원에서의 경제 녹색화를 위한 기술 대응을 전략적으로 조정하는 것이 부족하다고 지적되었다.

그렇지만 기술 훈련에 기여하는 공공단체의 흥미로운 정책들이 많이 있다(사례 연구: 생태다양성 재단 및 통신 설치 사업자 협회). 공공단체는 또한 민간 부분 학회 또는 협회에 의하여 설계된 기술 훈련 프로그램에 참여하며, 이 프로그램에 기금을 직접 또는 EU 기금으로 지원한다.

스페인은 각 지방들이 실제적인 노동시장 정책(ALMP)을 관리 하는 책임을 지고 있으며, 이것은 고용 창출과 실직자에 대한 직무 훈련을 포함한다. 이들은 또한 정형적인 직업 훈련 및 3차 교육을 포함하는 교육 정책을 관장한다. 국가 차원에서 조화시키고 조정하지만, 이들은 그들의 수요와 정책 우선순위에 따라 고용 및 교육 정책을 적용한다. '녹색 일자리' 문제 및 관련된 기술 요구에 대한 지역적 접근법은 아주 다양하지만 지자체들은 다수의 환경 교육 계획을 가지고 있다(사례 연구: Cenifer 재단).

사립 분야 또는 민간 협회의 많은 비공공 기관들은 경제의 녹색화를 위한 기술 훈련 제공을 보충한다. 지난 10년간 대학교, 일부 공공 단체 및 민간 분야로부터 대응 기술을 개발한 전문가의 수요가 증가하면서, 녹색 분야, 특히 재생에너지 분야는 급격히 성장하였다.

---

[4] 스페인의 공무원 환경 교육에 관한 기술 심포지움, 팜플로나의 나바르 행정연구소, 나바르, 2009년 6월 3, 4, 5일 개최

6.4.2 부상하는 기술 요구

녹색 구조 변화

녹색 구조조정은 주로 정책에 의하여 추진된다. 산업의 녹색화는 약 10년 전에 에너지 정책의 개혁과 함께 시작하였으며, 경제 위기를 다루는 것을 목표로 하는 정책들에 의하여 강화되었다. 녹색화 전략은 재생에너지에 초점을 맞추지만 폐기물 처리의 촉진과 공공 및 민간단체의 녹색 경영을 포함한다. 건축 분야의 경제 위기 영향 때문에 고용자들을 재활용 산업 쪽으로 다양화하기 위한 협력이 시작되었다.

녹색 구조 변화는 다수의 재훈련 필요성을 수반한다. 건축 분야의 많은 직무에 있어서 재생에너지에 대한 기술 차이는 적은데, 예를 들면 빌딩에 태양 에너지 패널을 설치하기 위한 전기기술자, 배관공 또는 설비 설치자 훈련 등이다.

태양광 및 태양열 패널을 설치하는 데는 특별한 공학적 규격을 적용해야 하며, 이러한 직무에는 일정한 공학적 기술이 요구되지만, 이들 새로운 기술은 기존의 기술과 그렇게 많이 다르지 않으며, 비교적 짧은 기간에 획득할 수 있다.

신기술

새로운 녹색 직무들은 아주 상이한 직무, 교육 수준 및 기술과 관련된 여러 분야에서 나타난다. 이들 녹색화 기능에 의하면, 새로운 녹색 직무들은 다음과 같은 4개의 큰 그룹으로 분류할 수 있다: 재생에너지, 폐기물 처리, 녹색 경영, 그리고 환경에 대한 인식이다. 신기술 훈련은 다음에 설명되는 모든 사업 영역에서 필요하다.

엔지니어링, 전기 또는 설비 설치 분야의 많은 회사들은 그들의 핵심 사업을 재생에너지 분야로 다양화 했다. 재생에너지 회사의 절반이 재생에너지 사업을 전문적으로 하는데 반해 나머지 절반은 부수적인 사업으로 수행한다. 이것은 공학기술 시스템의 지식, 설치 공정, 규정, 정비 및 관리와 같은 재생에너지와 관련된 기술의 재훈련을 통하여, 요구되는 신기술이 상대적으로 쉽게 획득된다는 것을 의미한다.

스페인에서 폐기물 관리는 도시 폐기물 관리, 위험물 폐기물 관리 및 재활용과 관련된 활동을 포함한다. 재활용 및 폐기물 관리에 대한 새로운 접근법은, 업무의 기계화와 관련된 기술공학적 혁신이 그 분야의 기술을 변화시키면서, 증가된 도시화, 인구 증가 및 관광 산업의 발전에 대응하여 개발되었다. 선별적인 폐기물 수집 또는 재활용 기술을 포함하는 녹색 폐기물 관리는 추가적인 일자리 및 기술훈련 대응이 요구되면서 향후 수년간 성장할 것으로 예상된다.

녹색 경영은 생산에 있어서 더 친환경적으로 지속가능한 생산 구조로 변환하는 것을 편제하고 조정하거나, 제품이 높은 자연적 가치를 갖도록 관리한다. 이 분야의 직무 예는 천연 자원 보호 관리, 산림 지역 관리, 통일된 환경보호 활동 및 공공 기관 기술공 및 조사관(지역 위원회의)이다.

환경 교육 및 환경 정보 분야 종사자들은 소비자들의 행동양식에 영향을 미치는 중요한 역할을 한다. 환경 교육 및 인식과 관련된 직무는 더 많은 사람들이 환경 관련 훈련 및 인식을 갖도록 하면서 최근 수년간 괄목할만한 성장과 다양성을 경험하였다.

기존 직무의 녹색화

더 많이 환경적으로 책임 있는 생산 방법으로 전환하는 데는 2개의 기술적인 문제가 존재한다. 첫째는 자본적인 기술(일반적으로 공학기술의 변화와 관련된) 대체를 통하여 에너지 효율을 증대함으로서 그 폭을 줄일 수 있는 자본적 녹색화 문제가 있다. 두 번째는 조직의 변화 또는 작업자의 태도 개선을 통하여 에너지 효율을 증대함으로서 다룰 수 있는 비자본 녹색화 문제이다. 한 예로서, 자본적 녹색화 문제는 농업에 있어서 재래식 수확기를 새롭고 공해가 덜한 것으로 바꾸는 것이 될 것이다.

대조적으로, 비자본적 녹색화 문제는 사무실의 전등을 사용하지 않을 때 스위치를 내리는 것이 될 것이다. 비자본적 녹색화 차이를 줄이는 것은 환경문제에 대한 인식과 같이 개념적인 기술의 훈련과 관련이 있다. 비자본적 녹색화 문제는 농부에서부터 고급의 화이트 컬러 근로자까지 거의 모든 직무에서 찾을 수 있으며, 이것은 산업의 녹색화에 대한 주요한 과제 중의 하나이다. 따라서 환경문제 인식을 위한 캠페인 같이 개념적인 기술 훈련 대응은 계속되어야 하고, 아마도 새로운 훈련 방법에 편입하여야 할 것이다.

 녹색화 직무는 화이트칼라 근로자 보다는 블루칼라 근로자와 관련이 큰 경향이 있다. 블루칼라의 활동은 화이트칼라 보다 더 에너지 집약적이며, 그러므로 잠재적인 녹색화 차이는 화이트칼라 근로자보다 블루칼라 쪽이 더 크다. 게다가 재생에너지 및 다른 핵심 녹색 분야, 예를 들면 폐기물 처리 분야는 주로 블루칼라 작업자로 구성되어 있다.

6.4.3 예측되는 기술 요구에 대한 접근법

 산업의 녹색화를 위한 기술 요구는 공공, 민간 및 민관 복합체의 여러 정책을 통하여 상이한 방법들이 관련된 것으로 확인된다. 이 연구는 구조조정 사례, 새로운 녹색 일자리 및 기존 직업의 녹색화에 걸쳐 적용되는 주요한 5개의 확인 방법을 사용하였다:

(a) 작업자 수요;

(b) 기업의 수요;

(c) 민간 협회의 시장 연구;

(d) 공공 정책;

(e) 국가 또는 지역 차원에서 수행한 포괄적이고 조직적인 연구.

 작업자 수요 조사는 다수의 학습 과정 개설을 유발하면서, 태양 에너지 분야의 기술 요구를 확인하는데 핵심적인 역할을 했다(사례 연구: Proyecto Sol).

 기업의 수요는 명백히 기업의 규모에 따라 차별화 된다. 대기업은 기업 자체 부서 내의 요구를 확인하고 내부적으로 기술 훈련을 제공하는 경향이 있다. 대조적으로, 중소기업체는 보통 지역 기관, 훈련 센터 또는 통합 협회와 기술 문제를 협의한다(사례 연구: Fonama).

 민간 협회에 의한 시장 연구는 전체적으로 시장이 주도로 수행된다. 예를 들면, 담수화 설비 정비 및 작동 관리자를 위한 기술 대응에 있어서 IIR 훈련 센터가 이러한 확인 절차를 활용하였다.

공공 기관 정책은 산업의 녹색화를 위한 기술 문제를 확인한다. 일부는 일정한 기술 개발 대응책에 통합되고, 다른 사항들은 기술 요구에 관한 연구의 구성요소로 들어간다.

마지막으로, 지역 및 국가 기술 연구가 있으며, 예를 들면 재생에너지 분야의 직무 및 기술 요구를 확인하기 위한 공공 고용 서비스 기관에 의하여 수행된 포괄적인 연구이다.

6.4.4 기술 요구에 대한 대응

녹색 구조조정

녹색산업의 구조적 변화를 위해 필요하였던 기술 훈련 대응은 다수의 공공기관, 민간 기관 및 민관 합동 단체에 의하여 마련되며, 각 기관의 다수의 정책을 통하여 수행된다. 많은 지방 및 지역 정부는 이러한 맥락에서 기술 훈련을 조직하고 있는데, 예를 들면 바스크 지역, 나바르 주 또는 에스뜨레마두라 주가 수행한 훈련 프로그램이 있다.

사회적 파트너, 예를 들면 비즈니스 협회, 재단, 노동조합 또는 민간 훈련센터 또한 구조조정을 위한 기술 대응의 한 부분을 형성한다. 이러한 기관들은 보통 훈련과정 설계 및 모니터 업무를 수행한다.

신기술

때때로 기술 훈련 프로그램들은, 민간 기관(학회, 또는 협회)이 정책을 입안하고, 공공 기관(시 위원회, 지역 정부, EU 기금)이 자금을 지원하는 형태로 공공과 민간 양쪽에 의하여 추진된다. 건축 분야 작업자들이 재생에너지 직무 쪽으로 이동하기 위해 필요한 재훈련을 위해서, 재생에너지 분야의 전문가가 되는 것과 관련된 재훈련을 제공하는 다수의 정책들이 있으며, 이 중 일부는 지역 또는 지방 정부로부터 도출된다.

기존 직무의 녹색화

  교육 시스템은 녹색 직무와 관련된 교과과정의 범위를 넓혀서 제공하고 있다. 이들 과정은 기술적 직무를 위한 직업훈련 시스템이나 대학의 졸업 후 관리자 과정 프로그램에 설치되어 있다.

  특별한 직무에 대한 교과과정은, 지역 및 지방 정부, 협회, 재단 및 노동조합을 포함한 공공 및 민간단체 양쪽에 의하여 육성되고 자금이 지원되었다. 민간 훈련센터는 이러한 유형의 기술 대응에 중요한 역할을 수행하였다.

  회사에서의 기술 대응은 새로운 녹색 직무에 필요한 특별한 기술에 초점을 맞춘다. 회사들은 그들 내부적으로 업무에 필요한 기술을 확인하고 기술 훈련 대응책도 자체적으로 마련한다.

6.4.5 결론

산업 및 노동시장에서의 주된 녹색화 변환 관점에서 - 회원국의 변화의 일반적인 특성(추진주체 및 영향)

  산업의 주된 변환은 2개의 기본적인 자원인 에너지 및 물 뿐만 아니라 폐기물 처리와 관련된 문제와 관련된다. 녹색 활동, 예를 들면 녹색 경영 및 인식은 이러한 3개의 핵심 분야와 관련하여 개발되었다. 녹색 전략은 중앙 정부가 규정의 변경 및 장기 프로그램을 통하여 주된 녹색 변환의 활성화로 추진되는 정책이다.

  에너지 및 수자원 개발은 어느 정도 괄목할만한 성과를 거두었다. 첫째로 재생에너지 생산 및 담수화에 대한 투자가 새로운 일자리를 창출을 촉진하면서 아주 크게 증가하였다. 두 번째로 에너지 변환과 물 소비 패턴이 더욱 더 환경 친화적인 경향으로 바뀌었다. 그리고 마지막으로 스페인 재생에너지 및 담수화 회사의 세계 시장에서의 성장 영향으로 이들 분야의 공학기술이 발전하였다. 이러한 성취는 기술훈련 대응이 좋은 결과를 가져왔다는 것을 의미한다. 왜냐하면, 적합한 기술이 없었다면 이러한 녹색 구조조정은 일어날 수 없었기 때문이다.

구조적 변화와 사양 산업과의 관계

스페인 에너지 전략의 핵심은 에너지 효율화 및 재생 자원으로부터 에너지를 생산하는데 기반을 두고 있다. 이 전략은 수입품부터 국내 생산까지 변환과 관계가 있으므로 GDP에 긍정적인 영향을 미친다. 그러므로 이 녹색화 변환은 고용과 경제 성장을 창출한다. 게다가 이 변환은 부가적인 노동력을 요구하고, 따라서 재생에너지 및 에너지 효율화 기술의 통합 및 적용 기술은 단순 장비 작동 및 정비 업무보다 훨씬 더 많은 노동력을 요한다. 새로운 녹색 생산 방법 또는 재생에너지로의 다양화는 침체된 건축 및 자동차 산업에 적용 가능하다.

기술 영향 및 개발 - 분야/직무에 의한 새로운 그리고 변화하는 기술 요구

전체 직무에서 2개 주된 기술 그룹이 있는데, 하나는 기술 및 행정적인 것이고, 다른 하나는 관리적인 것이다. 기술 요구의 두 번째 그룹은 부분적으로 환경 정책, 특히 재생에너지와 관련된, 복합적이고 변화하는 인센티브 시스템의 결과이다.

새롭게 부상하는 기술 요구를 정의함에 있어서의 변화의 속도

경제 위기에 따른 높은 실업률을 고려하면, 녹색화가 적절한 시점인지의 논쟁이 있을 수 있다. 스페인에서는 건축 분야의 위기가 특히 심각한데, 많은 직무들이 재생에너지 및 에너지 효율화의 훈련에 대한 큰 잠재력을 가지고 있다. 사실상, 건축 분야의 많은 직무들, 예를 들면 전기공, 설비 또는 배관공들은 태양광 발전 또는 태양열 에너지 설비 설치와 같은 녹색 직무와 관련된 업무를 쉽게 수행할 수 있다.

회원국/지역의 기술 예측 범위와 능력 그리고 예상 및 부응하는 VET 시스템

국가 차원에서의 명백한 대응은 없지만 지역 차원에서는 나바르 및 에스트레마두라의 예가 좋은 본보기이다. 국가 연구는 주된 녹색화 전략 설계와 연계되어야 하며(현재 1개의 전략이 국가고용지원청에 의하여 수행중임), 발생할 수 있는 기술 병목현상을 피하기 위한 미래 기술 예측을 함에 있어서 보다 강력한 공공-민간 협력이 권장된다.

기술 요구의 확인, 예상, 그리고 대응과 관련한 좋은 실무 학습

1994년 이래로, 나바르 주에 재생에너지 생산이 되지 않았을 때, 이 지역은 향후 수년간에 재생 자원으로부터의 전력 생산 목표를 100%로 하여 65%의 전기를 재생에너지로 생산하는 것으로 확대하였다. 나바르 주는 지난 15년간에 이 지역의 급격한 재생에너지 생산의 확장을 원만히 함으로서 이 새로운 직무에 필요한 일자리를 해결할 수 있었다. 이 지역 정부는 이러한 대규모 사업 수행에 필요한 인력의 훈련을 위하여 세니퍼 재단(Cenifer Foundation)과 협력하였다.

6.4.6 권장 사항

회원국의 기술 예측 접근법을 위하여

기술 연구와 정책의 통합: 기술 요구에 대한 확인은 기술 준비의 시점에 긍정적인 영향을 미치면서 보다 잘 예측될 수 있었다. 국가의 포괄적인 기술 요구에 대한 연구는 현재 국가고용지원청에 의하여 수행되고 있다. 만약 이러한 연구가 주요 녹색 전략 계획과 잘 연계되었으면 이 연구는 긍정적이었을 것이다(약 10년 전에 많은 고민이 있었음).

회원국/지역 VET 시스템을 위하여

발생할 수 있는 기술의 병목 현상을 피하기 위해 미래 기술을 예측함에 있어서 공공-민간의 보다 강한 협력이 권장된다.

6.5 프랑스

6.5.1 환경문제의 도전, 주요 과제 및 기술 대응 전략

원자력에 의한 전기 생산 비중이 높은 관계로, 프랑스는 현재 수입하는 화석 연료 의존도가 증대함에도 불구하고, 저탄소 전력 기반에 대한 장점을 가지고 있다. 원자력 발전에 대한 입장 고수에도 불구하고, 증가하는 빌딩 및 차량의 배출가스로 말미암아, 아직도 프랑스는 2010년 교토 온실가스 배출 목표인 10%를 초과할 것으로 예상된다.

주요 과제 및 정책은 빌딩 및 수송수단의 효율을 개선하여 에너지 사용을 감소하는 것뿐만 아니라 재생에너지 생산을 증대하는 것이다.

에너지 정책의 관점에서 정해진 가장 주된 과제는, 에너지 수요를 조절하고, 생산 및 공급에 대한 기술공학적 자원의 범위를 확대하며, 에너지 분야의 연구를 추진하고, 에너지 소비 요구에 부응하는 에너지 수송 및 저장 기반시설의 확보를 보장하는 것이다.

대응 전략 - 일반 환경 전략

일반적인 환경 전략에는 2개의 주된 특징이 있다:

(a) 기후 변화에 대한 국가 대응 전략은, 특별히 공공의 안전 및 건강, 사회적으로는 위험, 비용 및 기회의 불균등을 포함하여 자연 유산의 보존에 부응하기 위한 핵심 정책을 강조한다.

(b) 에너지 효율 개선 및 기타 환경 문제들을 다루기 위해 주요 정부 정책인 Grenelle Round Table을 2007년에 출범시켰다. 2009년에는 건축 환경; 기획; 수송; 에너지; 생물 다양성; 물; 농업; 연구 개발; 위험, 건강 및 환경; 폐기물; 관리, 정보 및 훈련; 해외 영역 등에 중점을 둔 13개의 조치들이 채택되었다.

프랑스는 2050년까지 온실가스 감소 '4대 요소'를 공약했다. 이 목표를 달성하기 위한 핵심 조치에는 자동차의 CO_2 배출에 대한 보조금-부과금 세제가 포함되어 있다.

핵심 정책:

(a) 건축 환경 분야: 신축 및 기존 빌딩에서의 에너지 사용 감축에 의하여 기후 변화에 대응하는 제일 첫 번째 정책. 건축 산업은 7천만 톤의 기름에 상당하는 에너지를 사용하며, 산업 전체에서 가장 많은 에너지를 소비하는 분야이다. 이 에너지 소비는 국가 배출 가스의 25%를 차지한다. 이들 모든 수치는 2050년까지 75% 감소시킬 필요가 있다;

(b) 재생 에너지 및 자원 개발은 에너지 정책의 핵심 과제이다.

현재 경제 위기에 대한 녹색 대응

새로운 녹색 정책은 다음에 기반을 둔다:

(a) 2009년 예산 수정안. 이것은 105억 유로의 공적 자금투자(국가, 지방정부 및 공기업)를 포함하여, 2년간에 걸쳐 260억 유로 상당의 경기 회복 정책을 지원 한다. 이 정책은 또한 오래된 자동차의 폐차 및 더 환경 친화적인 모델의 신차 구입에 대한 보조금을 지급함으로서 침체된 자동차 산업을 구제하는 것을 포함하였다. 전체 예산 중 기후관련 예산은 20%를 상회하며, 이것은 유럽에서 가장 높다;

(b) 공적 자금 105억 유로는 국가(40억 유로), 공기업(40억 유로) 및 지방정부 (25억 유로)로 분할되며, 2009년 및 2010년(11%)에 11억 유로가 수송 및 빌딩 분야에 우선적으로 투자되어 Grenelle Round Table의 시행을 가속화하는데 사용된다.

녹색화에 대응하는 기술 개발 전략

Grenelle Round Table에 따라서, 녹색 일자리[5]를 위한 활성화 계획(2009년 9월), 즉 관련 산업 분야 및 녹색 성장을 위한 일자리 개발 영역을 활성화 하는 계획과 함께, 훌륭한 기술 개발 전략을 최근에 출범시켰다. 이것은 기술 요구 및 기술 영역을 확인 하는데 주된 노력을 하는 것을 의미하며, 경쟁력 있는 녹색 산업을 형성하고 Grenelle Round Table의 경제 및 환경 잠재력을 충족시키는데 중점을 두어야만 한다.

---

[5] 지역 녹색 성장 보호 및 개발 활성화 계획

그 목표는 Grenelle Round Table에 의하여 2020년까지 600,000개의 녹색 일자리가 창출되는데 맞추어 기존의 훈련 프로그램 및 자격을 개조하고 필요하면 새로운 프로그램 및 자격을 신설하는 것이다.

이 계획은 다음과 같은 4개의 주제로 형성 된다:

(a) 관련 직무 확인하기 - 이것은 새로운 직업과 관련 분야를 이해하고 이들의 양을 정하기 위한 국가 연구소를 설치하는 것을 포함한다;

(b) 훈련 수요 결정 및 훈련과 자격 경로 설정 - 이것은 직업 기술의 인식을 가능하게 할 것이다;

(c) 지속가능한 성장 일자리의 보급 - 현재 나와 있는 수많은 일자리의 요구에 맞추어 기술의 부족으로 고용되지 못한 구직자들을 돕기 위한 활동;

(d) 녹색 성장을 위한 직업의 촉진 및 개발 - 녹색 직업에 대한 국가적인 사업은, 녹색 성장 계획이 상세하게 작성되는 동안 2010년 초에 조직될 것이다.

6.5.2 부상하는 기술 요구

녹색 구조조정

노동시장에 대한 중대한 영향:

(a) 일자리 창출과 관련하여 가장 높은 잠재력을 가지는 것으로 계속하여 확인되는 분야는 재생에너지 분야이다 - 20만개의 일자리;

(b) 수송과 함께, 건축 환경 및 재생에너지는, Grenelle 조치의 적용에 따른 환경 산업 내에서 잠재적으로 최상의 일자리를 창출할 수 있는 분야이다(대부분의 연구들이 다른 분야에 있어서의 대체 효과 및 잠재적인 일자리 손실을 고려하지 않는 것을 감안함);

(c) 일자리 손실의 추산에는 전통적인 에너지 분야의 138,000개의 일자리 및 자동차 산업에서의 107,000개 일자리를 포함된다(WWF 연구);

(d) 2009년에, 자동차 분야는 거의 모든 임시계약직 일자리에 대한 해고 및 압박으로 특징지어졌다. 내연 기관 생산의 감소와 관련하여 8,000개에 달하는 일자리 손실이 있었던 것으로 추정되었다. 그러나 일자리 손실은 전자 및 하이브리드 자동차에 의하여 보충될 수 있었다(2025-30년까지 15,000개에서 30,000개 사이의 일자리 창출). 저탄소 자동차 및 청정 공학기술은 아주 유망하다; 그렇지만 이들의 확산은 자동차의 교체 주기가 약 15년임 감안할 때, 속도가 늦고 점진적일 것이다.

신기술

일자리 창출의 순수한 양을 고려하지 않는다면, 녹색 성장은 일반적으로 새로운 직무를 창출하는 것은 아니지만 기존 직무의 발전에 기여하는 특성이 있다.

새로운 직무가 확인되는 것은 주로 에너지 분야의 감시 및 자문, 생물 다양성의 보호, 생태교통과 관련된 것들이다. 새로운 직무는 아주 수준이 높은 직업과 주로 관련이 있다: 새로운 공학기술(측정, 계측)과 연계된 전문기술과 관련된 직무, 또는 조직 및 조정과 관련된 직무: 교통 흐름 관리; 기호논리학 사슬의 최적화; 대형 빌딩 프로젝트의 관리자 등과 관련된 직무. 추가적으로, *고용을 위한 진로지도 위원회*는 진단, 감시 및 자문과 관련된 직무를 확인하였다(사례 연구: 에너지 업무 전문가들):

(a) 새로운 녹색 직무 창출에 가장 역동적인 분야는 재생에너지 분야이다;

(b) 재생에너지를 이용한 건축(태양열, 풍력, 지열) (사례연구: 재생에너지 설치자 Qualit'EnR);

(c) 폐기물 분야: 폐기물 예방 관리자 및 재활용 산업체 운영자와 같은 새로운 직무와 함께 이 또한 활성화 되고 있는 분야임(사례 연구: 폐기물 운영자).

기존 직무의 녹색화

기존 직무는 다음과 같은 이유로 더욱 녹색화 될 것이다:

(a) 전문적 직무능력이 일반적으로 부족하다;

(b) 일부 직무 과제는 더욱 국제화된 접근방법이 필요할 것이다;

(c) 지속가능한 개발 압박은 증가하게 될 것이다.

대부분의 기존 직무의 핵심 직무능력은 근본적으로 변화하지 않을 것이다. 그렇다고 하더라도 지속가능한 개발은 모든 직무의 공통적인 배경이 될 것이고, 새로운 직무능력은 전문적인 실무를 적용하는데 필요하게 될 것이다.

예를 들면 건축 환경 분야에서, 각 직종은 지속가능한 개발 개념을 포함시켜야 하겠지만, 효율적인 건축을 보장하는 것이 각 건축 직종에 의하여 수행될 작업의 최우선적이고 가장 중요한 항목이다. 이것은 재생에너지 공학기술과 에너지 효율의 통합에 따라 건축 직종 사이의 상호 보완적 것으로 간주하여야 한다. 이것은 특히 현제 생태 재료를 사용하여 작업을 하여야 하고, 에너지 효율화 기술을 지속가능한 빌딩의 건축과 정비에 적용하여야 하는 260,000명의 기능공에 대하여 그러하다(사례 연구: FEE Bat).

새롭게 요구되는 직무능력은, 에너지 효율성이 적용된 새로운 공학기술 및 기술적인 해결방안에 관한 지식, 에너지 문제와 관련된 지식, 빌딩 개조와 관련된 다른 직무의 이해 그리고 새로운 시장 수요를 적용하기 위한 고객에 대한 자문/충고 등을 포함한다.

가장 높은 녹색화 잠재력과 높은 고용량을 나타내는 2개의 분야는 건축 환경 및 농업 분야이다.

농업에 있어서, Grenelle에 의하여 정해진 목표는 점진적으로 2012년까지 20%의 유기농 생산으로 전환하는 것이다. 유기 농업으로 전환하기 위해 새로운 특수 기술이 필요한데, 예를 들면 비료 및 화학약품을 줄이는 기술, 그리고 친환경적 목표의 요구 조건에 대한 이해이며, 농업 교육 기관들은 매년 172,000명의 학생, 32,000명의 도제생 및 118,000명의 성인을 훈련시킨다. 기존의 훈련 프로그램을 향상시키기 위한 주요 노력이 필요할 것이다. 특히, 훈련 교사(농업학교의 20,000명의 교사)는 중요한 이슈가 될 것이다(사례 연구: 농업).

6.5.3 예상 기술 요구에 대한 접근법

녹색 구조조정

프랑스는 직무적인 예측에 있어서 광범위한 '관측기구' 네트워크를 가지는 특징이 있으며, 이것은 공통적인 분석에 도달하려는 목표를 가지고 노동시장에서 활동하는 다양한 사람들을 동반한다. 이러한 연구 및 모니터링 센터는 분야(산업체 관찰) 또는 지역적인 (지역 산업 관찰) 관찰을 하면서, 그리고 거시경제 계획과 양적인 조사를 다음과 같은 질적인 정보와 결합하여 국가 차원에서 가장 빈번하게 작업을 수행 한다:

(a) 분야: 2004년 5월 입법이후, 모든 분야는 고용 및 훈련 예측을 위한 조사를 하여야 한다;

(b) 회사: 고용 및 기술에 대한 관리 계획(*Gestion previsionnelle de l'emploi et des competences*, GPEC)은 300명이상을 고용한 모든 회사에 의무적으로 적용되며, 기업이 그들에게 필요한 미래 기술을 예측하는 것을 가능하게 한다;

(c) 지역: 주어진 권한이 현재 분권화 되고 일반적으로 특정 CVET 영역으로 이전됨에 따라, 훈련 수요 예측을 판단하는데 사용된 대부분의 수단들은 지역 차원에서 이루어 지는데 예를 들면 지역 훈련 및 고용 조사가 있다;

(d) 국가 차원: 총괄 기획 위원회가 직종 분야 및 자격의 발전을 측정하기 위한 연구를 수행한다. 공공기관에 의하여 개발된 고용 및 기술 개발 협정(EDEC)은 경제의 개관, 해당 분야에서 일어날 수 있는 공학기술 및 사회적 변화에 대한 정보를 제공하는 것을 돕는다. 사회적 파트너가 관여한다.

신기술

고용 및 기술 요구에 대한 체계적인 예측은 경제 계획에 충분히 반영되며, 기관 및 전문가가 제시하는 방향에 기초한다. 프랑스는 유럽에서 가장 포괄적인 범주의 도구를 가지고 있는 국가 중 하나이다.

언급된 제도(분야 및 지역 조사, 지부에 의하여 수행된 GPEC 전망 연구)는 재훈련 수요 및 고용 변화 확인과 더불어, 신기술 요구의 확인에 기여한다.

한계: 수많은 참여 이해관계자, 이들 연구 성과물의 양, 직무 예측에 사용된 수단 및 방법 때문에, 일관성 및 가시성의 결여가 강조되었다.

부처 차원: 기존 자격의 철저한 조사에 의한 필요 기술의 확인 및 새로운 자격의 신설: 자격의 설계는 노동 시장의 요구에 맞추기 위한 노력에 의하여 크게 좌우된다. 자격 기준을 설계 및 변경하는 과정에는 특정 위원회의 체계 내에서 사회적 파트너가 자문을 하게 된다(사례 연구: 폐기물 재활용 운영자, 고용주 대표들이 어떻게 새로운 자격의 신설을 요구하는지를 파악).

지역 조사기관(OREFs)은 녹색 직무에 대해 다수의 연구보고서를 출판하였다. 녹색 직업 및 녹색 성장에 초점을 둔 정책의 숫자는 증가하고 있다.

기존 직무의 녹색화

직업 면허(전문가 면허)[6]의 신설은 또한 현장의 전문가에 의하여 확인된 기술 요구가 어떻게 제도적인 의사 결정 과정에 반영되는지를 보여준다. 직업 면허 설계를 위한 과정은 산업체 요구에 부응하는 자격을 확보하는 것을 목표로 한다. 자격은 또한 정부 공인의 갱신 주기인 4년 마다 철저하게 재설정된다(사례 연구: 심층 분석을 위한 생태디자인).

6.5.4 기술 요구에 대한 대응

녹색 구조조정

대응은 다음과 같은 이해관계자의 범주에서 수립되었다:

---

[6] 직업 면허는 3년 과정의 후기-학사학위 훈련과 동등한 학위자격이다. 이것은 1999년에 신설되었다.

(a) 민간 영역에 있어서, CVT는 기업과 사회적 파트너에 의하여 운영된다. 회사는 훈련 계획, *validation des aquis d'experience*(경력 및 선행 학습의 인정, 자격에 대한 권한 부여)와 같은 수단을 활용한다. 훈련 계획은 율리에즈(Heuliez, 전기자동차 생산으로 전환)와 같은 자동차 제조회사에서 수행되며, 이 회사는 2009년에 내연기관 생산을 위한 조립 설비를 구조조정 하였다(사례 연구: 율리에즈);

(b) 지역: 훈련 시스템의 주요한 관계자들은 청소년 및 성인 학습자에 대한 지역의 직업 훈련 정책을 수립하고 적용한다(2004년 법령). 이들은 성인 학습의 국가 훈련 제공 기관인 AFPA([7])가 제공하는 훈련에 사용되는 공적 자금을 관리하는 책임을 지고 있다.

(c) 배치전환/회복 계획에 대한 적극적인 지원: 푸아투 샤랑트 지역은 자동차 제조 회사인 율리에즈(Heuliez)에 새로운 전기 자동차 생산을 위한 고용자들의 훈련을 지원하기 위해 5백만 유로를 투자하였다(사례 연구). 프로방스-알프스-꼬트-드아쥐르 지역(PACA)은 에펠 지역(금속 산업)에 2008년에 세워진 새로운 풍력발전 공장의 근로자 훈련에 자금을 투자하였다(기술 개발 훈련 프로그램의 구조조정 및 적용에 대한 영향을 완화하기 위하여 각 지역이 중요한 역할을 함으로서);

(d) 훈련 제공기관의 역할: 자동차 분야 훈련 협회(ANFA) – 자동차 분야에 영향을 미치는 현재의 경제 상황에 있어서, ANFA는 근로자 및 회사를 지원하기 위한 동반 조치들을 적용하고 있다. 주된 목적은 각 분야에 종사하는 직원의 직무능력 수준을 향상시키는 것이다.

(e) 국가 차원: 사회적 투자 기금(*Fonds d'investissement social*, FISO)은 해고된 근로자의 고용가능성을 증대시키는 것을 목적으로 하는 훈련 수단으로 단기 및 임시적인 반-위기 조치들을 조정할 것이다.

([7]) *성인 직업훈련 국가 협회*, 성인 학습을 위한 국가 훈련 제공기관

신기술

초기 교육 및 훈련: 새로운 자격의 신설

녹색 직무와 관련하여, 교육부는 지금까지 새로운 직무의 출현에 대해 신중하게 접근해왔다. 이들은 새로운 직무에 기반을 둔 일자리는 아주 극소수라고 간주한다(재생에너지와 같은). 건축 분야에 급격한 변화가 오면, 새로운 기준과 기술이 건축 분야의 직무에 어떤 영향을 미치는지 확인하는 데는 많은 시간이 필요하다.

BTS(상위 기술공 자격) 또는 DUT(대학교 공학기술 학위)에서의 새로운 자격의 신설 요구는 대부분 건축 분야와 관련이 있다.

최근에 신설된 전문가 자격(직업 자격)은 기초 훈련 공급을 개선하는데 주요한 역할을 하였다. 새로운 직업 자격은 예를 들면 생태디자인 분야에서 신설되었다(사례 연구). 다수의 훈련 프로그램이 본질적으로 생태디자인에 기여하였고, 등록된 학생의 숫자는 점진적으로 증가하였다.

종합적으로, 기초 교육은 재생에너지 분야의 요구에 뒤떨어진다. 특히 에너지 효율, 풍력 발전 및 태양광 발전 설비와 관련된 자격들이 부족하다.

그렇지만 재생에너지의 전문화된 더 상위의 교육 자격 또는 모든 등급(DUT, BTS, 면허, 기능장 및 공과 대학 학위)에서 보다 전통적인 훈련 프로그램에 재생에너지 모듈을 통합함으로서 재생에너지 분야의 기초 훈련 제공은 증가하고 있다.

CVET

일반적으로, 재생에너지에 대한 계속 훈련은 기초 훈련보다는 훨씬 앞서있다. 재생에너지에 초점을 맞춘 특정 훈련 과정이 2000년대 초반에는 거의 없었지만, 훈련 프로그램의 숫자는 증가해 왔다(사례 연구: Qualit'EnR).

사업자 대표, 훈련 제공자 및 공공기관은 증가하는 훈련 프로그램의 명확성이 떨어지고 분명한 기준이 없다는 것에 대하여 우려를 표명했다.

기존 직무의 녹색화

기초 교육 및 훈련 – 자격의 갱신(정밀 조사) 지난 수년간 많은 자격, 특히 농업분야의 자격이 철저하게 분석되었다([8]). 기존 자격에 새로운 '언급'이나 항목을 추가하는 것은 때때로 처리과정을 지체시킬 수 있다. 프랑스 전기기사 협회는 지난 3년간 기존의 'Bac 전문 전기기사' 자격에 새로운 '재생에너지' 항목을 넣으려고 노력을 했지만, 2010년까지 이 자격을 갱신하려는 목표는 달성하지 못할 것이다.

건축 환경 분야: 교육부에 의하여 수여되는 학위의 자격 기준에 새로운 직무능력을 도입하는 것은 아주 시급하다. 이것은 특히 건축분야의 레벨 III(BTS 또는 DUT) 자격에 있어서 그러하다. 건축 환경 분야의 정책은 기존 자격 기준을 철저하게 정비하는 것이다. 현재 건축 기초 훈련에는 지속가능한 개발의 모듈이 수년간 추가되어왔다. 농업부는 녹색 문제, 특히 유기농 농업 및 식물-보호를 삽입하기 위해 관련 자격의 재설계를 착수하여 좋은 반응을 얻고 있으며, 필요성이 잘 전달되고 있다.

평생 직업 교육 및 훈련

평생 훈련은 일반적으로 녹색 산업을 급속히 적용하고 있다. 건축 환경 분야에 있어서 CVET의 풍부함과 다양함: 2009년에 5,000개의 훈련 과정이 있는 것으로 확인되었다. 이들은 다양한 수강생을 배출하며, 단기 및 장기 훈련 경로를 가지고 있다.

몇몇의 중요한 정책들은 해당분야의 전문가에게 새로운 직무수행능력을 갖도록 하는 것을 목표로 한다. 핵심 정책은 건축 환경 분야의 훈련 계획(사례 연구: FEE Bat)이며, 이것은 2010년까지 50,000명의 전문가(기업가, 기능공 및 고용자)를 훈련시키는 것을 목표로 한다. 이 직업에 대해 이렇게 대응하는 이유는, 회사가 새롭게 대두되는 요구에 즉각적으로 대응할 수 있도록 하기 위함이다.

---

[8] 이것은 현재 종전의 BTS 기술 자격을 대체한 BTS 유동체, 에너지, 환경의 사례이다(1999년 이후). 노동시장의 새로운 요구에 부응하여 강력하게 환경의 중요성을 삽입한 DUT 위생, 안전, 환경 자격이 종전의 DUT 위생 및 안전 자격을 대체한다.

주요 사항: 상이한 건축 직종간의 조정과 새로운 실무에 제공되는 서비스의 적용을 확실하게 하는 데는 훈련 교사의 많은 노력이 필요할 것이다.

6.5.5 결론

산업 및 노동시장의 주된 '녹색화' 전환에 관하여

재생가능에너지 및 에너지 효율성과 같은 녹색 분야 산업에 있어서의 상당한 일자리 창출은 일자리 손실이 발생할 수 있는 자동차 및 전통적인 에너지 분야의 변화와 상쇄될 수 있을 것이다.

대부분의 기존 직업에 있어서, 기본적으로는 핵심 직무능력의 변화는 없을 것이다. 녹색성장에 요구되는 기술은 다음과 같다:

(a) 전체 노동시장에 있어서, 환경-활동, 환경디자인, 환경-시민 등의 일반적인 인식 고취와 관련된 다양한 직무능력;

(b) 대부분의 직무에 있어서, 새로운 기준, 새로운 생산 공정(건축 분야, 전자-기계, 재생에너지)과 관련된 신기술 요구. 이것은 핵심 전문 기술의 변화 없이 직무가 발전된다는 것을 의미한다. 핵심 훈련 기준에 추가적인 훈련 모듈이 필요할 것이다;

(c) 일부 녹색 직무에 있어서, 고도로 전문화된 분야의 아주 특수한 녹색 기술;

(d) 소수의 직무에 있어서는, 직무가 이미 지속가능한 발전(폐기물, 재활용)이 반영되었거나 녹색 성장의 영향(예를 들면 음식 공급업)이 제한적이기 때문에 새로운 기술이 필요 없다.

새로운 일자리 창출에 대한 기대는 부풀려져서는 안 되는데, 이들이 다수의 가정에 기반을 두기 때문이다(Grenelle 목표의 실현과 같이 일치할 수 있는 상황).

기술 연계 및 개발

전반적으로, 프랑스에서 기술 요구에 대한 예상 및 확인을 위한 기제는 효율적이라고 간주할 수 있다. 현장에서 확인된 필요 기술을 교육 시스템에 반영시키는 것에 대해 분야별, 지역별 및 국가 조사기관과 회사 차원의 기술 예측 등으로 확인한다. 지역 차원에서 훈련 수요를 예측하고 계획하는 것이 가장 적합한 것으로 보인다.

그러나 접근 방법의 다양성은 결과물이 분야와 분야 사이 또는 영역과 영역 사이를 정밀하게 비교할 수 없다는 것을 의미할 수도 있다.

이 시스템의 하나의 주요한 자산은 기초 훈련의 구조 예측, 그리고 평생 훈련의 운영에 사회적 파트너가 적극적으로 참여한다는 것이다.

기술 대응

훈련 제공은 다양하며 여러 주체들에 의하여 제공 된다: 국가 교육 시스템, 농업 교육 단체들, 도제제도 센터(CFA), 지역에서 운영하는 훈련 센터, 상공회의소 네트워크, 민간 분야, AFPA([9]), 등

이해관계자들은 CPC 과정([10])을 통해 자격을 정기적으로 철저하게 정비하기 위하여 기초 훈련의 상대적인 유연성 및 대응성을 강조하였다. 상향식 처리 즉, 전문 분과의 요구가 자격 및 훈련 기준을 검토하기 위해 위원회의 업무로 옮겨가는 것은 효과적이라고 간주된다.

전반적으로, 기존 자격 및 훈련 경로는 전문가의 요구를 적절하게 수용한다. 대부분의 경우, 새로운 자격을 신설할 필요는 없지만, 기존 직무의 녹색화는 필요하다. 대체적으로 이러한 절차는 이미 시작되었으며, 가속화될 수 있을 것이다.

현재 훈련 제공의 주요 취약점은 다음과 같다:

([9]) *성인 직업훈련을 위한 국가 협회*
([10]) *전문가 자문 위원회*(핵심 직무 기준을 정하고 상응하는 직무능력을 확인함)

(a) 녹색 성장 목표에 도달하기 위한, 그리고 노동시장 특히 건축 환경 분야의 요구를 반영하기 위한 현재의 훈련 공급 개정의 부족;

(b) 회사에 필요한 자격의 유형 및 등급 사이의 불일치(상위자격 졸업자의 과잉). 녹색 일자리와 관련된 구직자의 75%가 상위 중등교육 수준의 자격을 가지고 있다;

(c) 기존 자격의 정밀 검토 및 새로운 자격의 신설 과정이 때때로 너무 늦다;

(d) CVET 공급의 가시성 및 명확성의 부족. 어떤 분야에서는 자격 기준의 설정 없이 훈련 프로그램을 만드는 경우가 증가하고 있다.

가장 압박을 크게 받는 문제는 훈련 교사와 관계되는 것이다. 신기술을 교육할 수 있고, 지속가능한 개발 이슈를 인지하고 있는 훈련 교사 및 교사의 숫자는 확실히 불충분하며, 특히 농업 및 건축 환경 분야에서 그러하다. 공적 자금 삭감, 특히 교육 분야에 있어서의 삭감은 염려되는 사안이며, 은퇴하는 일부 교사들에 대해서는 현재 충원이 되지 않고 있고, 교직원의 요구는 전달되지 않을 것이다. 이것은 녹색 경제로의 전환을 위한 기술 개발을 저해하는 주요 걸림돌이 될 수 있다.

기술 예측

기술 요구에 대한 확인, 예측 및 대응의 좋은 실례들:

(a) 조사기관(분야 및 지역)의 활동은 기능을 잘 하는 것 같다;

(b) 자동차 분야/특히 녹색 일자리에 초점을 둔 네트워크를 설치하는데 구조조정/재생 계획에 대한 지역의 지원은 중요하다(일드프랑스 지역 TEE 네트워크 참조);

(c) 회사들은 그들의 고용자 훈련에 노력을 경주하며, 특히 건축 분야에서는 자발적으로 훈련 계획에 참여한다(FEE Bat). - FEE Bat은 정부 주도의 모범적인 훈련 계획으로 간주되며 앞으로 확대될 것이다;

(d) Qualit'EnR 훈련 계획의 피드백 시스템(새롭게 훈련을 받은 직원에 의하여 수행되는 작업의 관찰에 바탕을 둔)은 혁신적이고 훈련 프로그램의 업데이트/개선에 아주 효과적인 것으로 간주된다;

(e) Pole emploi(국가 고용지원 센터): 녹색 경제와 관련된 새로운 직무를 확인하기 위해 Pole emploi가 최근에 기울인 노력은, 녹색 산업으로 출현한 일자리의 양을 산정하고, 기술 및 훈련의 수요를 조절하는 것이었다(Grenelle 환경법, 2009년, p.18). Pole emploi는 녹색 성장 직무를 비교 검토하였다(p. 63-65). 검토 결과는 각 분야별 위원회가 작성한 보고서에 반영되었음;

(f) 완전한 기술 개발 전략은, 녹색 일자리 활성화 기획 위원회에 의하여 수행된 작업의 결과를 반영하면서, 현재 개발 중에 있다. 활성화 계획의 후속 단계의 한부분인 MEEDDM[11]은 다음과 같은 업무의 수행을 발표하였다.

(ⅰ) 녹색 기술 및 녹색 직무의 목록: 녹색 직무를 위한 자격의 유일한 목록 생성;

(ⅱ) 환경부 관할의 국가 관찰기관의 설립;

(ⅲ) 이해하기 쉽고 시장성이 있도록 직무의 명칭 변경.

6.5.6 권장 사항

회원국들의 기술 예측 접근법을 위하여

녹색 일자리에 필요한 직무능력을 보다 정밀하게 파악하기 위하여, 그리고 일자리 창출 뿐만 아니라 잠재적인 일자리 손실을 파악하기 위해서는 더 많은 연구가 필요하다. 개선에는, 어디든지 가능한 공통의 방법론적 체계(특히 복합 분야 분석 및 직무 이동성을 개선하기 위한, 관찰 기구의 작업을 위해서)의 촉진, 그리고 종합적인 절차 및/또는 예측 연구와 관련된 모든 기관 사이의 정보 교환 및 축척 공간을 만드는 것이 포함될 수 있다.

정부에 의하여 공표된, 녹색 일자리를 위해 새롭게 신설되는 조사기관은 자료 수집을 제고해야 한다.

---

[11] 생태환경, 에너지, 지속가능한 개발, 해양부

회원국/지역 VET 시스템을 위하여

새로운 자격을 신설하는 것보다는 지속가능한 개발 이슈를 IVET 훈련 기준에 포함시키는 것이 필요하다. 많은 이해관계자들은 노동시장에 아주 협소하거나 극히 일부만 적합할 수 있는 지속가능한 개발 또는 녹색 기술에 기초하여 새로운 자격을 신설하는 것은 위험하다고 경고한다. 지속가능한 개발은 모든 기술 및 직업 훈련의 핵심 요소의 하나로 포함시킬 수 있다.

평생 훈련의 제공은 긴급한 문제이다. 청소년의 50% 이하가 그들의 기초 훈련에 부응하는 첫 직장을 잡는다. 녹색 성장 목표를 달성하기 위해서는 훈련을 받아야 하는 근로자의 수가 아주 많으며, 특히 태양광 발전, 하수 처리 및 건축 환경 분야에서 더욱 그러하다.

이러한 목표에 도달하는 것은 훈련교사에게 추가적인 노력을 요구하게 될 것이다. 교육정책은 노동시장에서의 압박이 큰 직무에 우선순위를 두어야 한다. 그러나 지속가능한 개발은 교직원의 훈련 계획에 들어가야만 한다(특히 정밀 분석된 자격에 있어서).

품질 분류 표시, 예를 들면 재생에너지 분야의 훈련 제공자를 위함과 같은 전공 표식은 다른 분야에서도 더 개발되어야만 한다. 이것은 평생 훈련 프로그램의 무분별한 개발에 따른 위험을 피하기 위한 것이다.

고용주를 위하여

녹색 일자리의 이미지를 더욱 매력적으로 만들기 위한, 관련된 직무의 이미지를 개선하기 위한 노력(보수도 포함): 대부분의 녹색 및 녹색화 직무는 구인 문제를 유발하고(폐기물 분야), 봉급 수준도 아주 낮아(예를 들면 전문 기술 자격인 CAP에 비하여) 하위 등급의 자격에 상응한다.

복합적인 직무능력을 개발하기 위해서는 건축 직종들 사이의 협력이 강화되어야 한다(FEE Bat 같은 기관과 통합 훈련).

6.6 영국

6.6.1 환경문제의 도전, 주요 과제 및 기술 대응 전략

환경문제의 도전

영국의 주요 환경 정책은, 주된 환경오염 분야의 온실가스 배출을 감소시키고 지구 온난화의 영향에 대처하는 것을 통하여, 기후변화의 도전에 대응하는 것이다. 이것은 특히 에너지, 건축 환경, 수송 및 음식물 분야에서 나오는 온실 가스 배출을 감소시키기 위한 전략을 개발하는 것을 포함한다. 산업체 공해 관리, 폐기물 관리, 대기/수질, 및 수해 방지와 같은 전통적인 환경 문제 또한 기후 변화 전략에 포함된다.

대응 전략

2008년 기후변화법이 배출가스를 규제하는 것을 목표로 하여 제정되었다. 2009년 저탄소 전환 계획은 이것들이 어떻게 달성될 것인지를 설명하였다. 에너지 관련 법령 및 계획이 탄소 배출의 감소, 신재생에너지 기반시설의 가속, 저탄소 경제로의 무리 없는 신속한 전환을 목표로 지난 2년 동안 시행되었다. 음식물, 수송 및 환경 정책 또한 저탄소 고려대상으로 인지되었다. 이들 정책은 기술 차이 및 부족을 인식하고 있으므로, 특정한 정책적 수단보다는 일반화된 진술로 일관한다. 예를 들면, 영국의 저탄소 전환 계획은 '영국의 저탄소 산업은, 근로자들이 사업이 직면하게 될 요구에 부합하는 정확한 기술을 보유할 경우에만 번창할 수 있다'(2009, p.129)라고 설명하고 있으며, 이러한 기술(특히 재생에너지 및 원자력 발전 분야)을 반영한 훈련 과정 및 자격의 개발을 요구한다. 약 900,000명이 저탄소 및 환경관련 제품과 서비스 시장에 고용되어 있으며 따라서 환경은 이미 중요한 분야이다.

현재의 경제 위기에 대한 녹색 대응

저탄소 산업 정책(2009년)은 다음과 같은 분야를 목표로 하는 산업 정책을 통하여 정부가 어떻게 저탄소 산업 개발을 촉진할 것인가에 대한 상세한 제안을 담고 있다: 근해 풍력; 파력 및 조력 발전; 원자력 발전; 초저탄소 자동차; 재생에너지 건축 재료; 재생 화학제품; 그리고 저탄소 제조업. 특별히 이들 산업의 성장 및 개발을 위해 2009년 예산에서 4억 파운드가 이들 산업에 할당되었다.

경기 부양 정책 중의 녹색 산업 비중은 저탄소 투자 기금으로 33억 파운드가 조성되었으며, 이것은 전체 경기부양 예산의 14.5%, GDP의 0.22%에 상당한다. 이 기금으로 고등교육 기관 및 연구기관의 공학기술 실험 및 R&D 프로젝트에 자금을 지원함으로써, 기술 개발 특히 고급 기술 개발을 지원한다.

녹색화에 대응하는 기술 개발 전략

가장 최근(2009년)의 기술 개발 전략은 산업체의 전략과 미래 경제 성장을 위한 숙련 근로자를 제공하기 위한 *신성장 산업, 새로운 일자리* 백서와 연계되어있다. 발표된 조치들은 기초 및 전문 기술을 망라한다(예를 들면 도제제도, 직업 훈련, 대학교 공과 대학). 고등교육 분야를 위한 새로운 전략은 성장 산업에 우선적으로 자금을 지원할 필요성을 인정하고 있다. 그러나 고등교육 기금위원회가 이 이슈에 대하여 어떻게 대응할 지는 분명하지 않다. 정부는 또한 의무교육 과정에 녹색 일자리를 위한 기술(STEM 기술들)의 향상을 도모하는 방책들을 도입하였다.

비록 분야별 기술위원회 시스템이 전국적이지만, 위임을 받은 행정기관은 그들 자신만의 기술 개발 기제를 가지고 있다. 스코틀랜드의 전략은 웨일즈 및 북아일랜드의 전략보다 더욱 지속가능하다.

6.6.2 부상하는 기술 요구

녹색산업의 구조적 변화

영국은 제조업, 공공시설 및 1차산업 분야에서, 부분적으로는 환경적 압박 및 EU 탄소 거래제도와 같은 규정의 결과로 일자리를 잃은 경험을 하였다. 경영의 미래 2007

계획에서는 이들 일자리 손실이 계속될 것으로 예측한다(비록 예측이 경기 침체보다 앞서서 이루어졌지만). 가까운 미래에 석탄광업, 조선 및 고-환경오염 자동차 분야는 사양 산업이 되거나 일자리가 줄어들 것으로 예상된다. 저탄소 경제로의 전환에 따라 일자리가 줄어들거나 늘어나는 지역이 있는데, 이러한 불평등한 지리적인 영향 또한 일반적이다.

구조적 변화에 대한 정책은 부가가치를 증대하는 사업에 초점을 맞추었는데, 이것은 어떤 경우에 있어서는 서비스의 전반적인 변환, 그리고 재무 서비스 분야의 확대에 기여하였다. 기존 산업을 저탄소 산업으로 다양화 하는 것은 많은 경우에 있어서 일자리 손실을 막는데 큰 도움을 줄 것이다. 예를 들면:

(a) 해런드 엔 볼프(Harland and Wolff) 조선소는 생산 다양화 전략을 구사하여 풍력 터빈 부품 제작을 할 수 있었다(사례 연구);

(b) 배터리 동력 자동차, 전기 자동차와 같은 저탄소 자동차는 자동차 산업이 새로운 청정 제품 개발 및 일자리 창출의 기회를 갖도록 해준다(사례 연구).

신기술

비록 너무 낙관적이기는 하지만, 2015년까지 환경/저탄소 분야에 추가적으로 40만개의 일자리가 창출될 것으로 예상된다. 새로운 녹색 직무들은 풍력, 파력 및 조력, 탄소 포획 및 저장, 초 저탄소 자동차와 관련된 경제 및 규제 장치를 통하여 촉진될 것으로 예상된다. 주된 기술 요구는 STEM 교과 및 지도와 관련이 있는 것 같다.

기존 직무의 녹색화

일반적인 느낌으로는, 모든 직업이 어느 정도까지는 녹색화 되고 있다. 환경/녹색화 성격이 강한 특정 직무에는 다음과 같은 분야가 포함 된다: 저탄소 건축 및 에너지 효율화, 화학제품 및 생물공학 산업, 영업 및 재무 서비스, 탄소 시장, 원자력 발전, 저탄소 항공우주산업, 전자공학 및 ICT.

6.6.3 예측되는 기술 요구에 대한 접근법

녹색 구조조정

정책 차원에서, 2010년 4월부터 정부 기구의 변화는 기술에 대한 자금 지원 및 확인하는 방법을 바꾸게 될 것이다. 기술자금 지원기관은 분야별 기술위원회 및 지역개발 기관으로부터 필요한 기술과 어떤 훈련에 자금을 지원할 것인가에 대한 정보를 제공 받을 것이다. 지방 정부는 16세에서 18세까지 청소년의 학습에 대한 책임을 질 것이다. 이 시스템은 기술 차이 및 부족에 대하여 더 많이 대응해야만 한다(이론적으로). 영국 고용 및 기술 위원회는 분야별 기술 위원회의 조정과, 특별히 저탄소 산업을 포함한 중앙 정부의 '우선 산업 정책'에 부응하는데 대한 책임을 진다.

조선 산업에 있어서, 풍력 산업을 위한 새로운 제품을 생산하는데 요구되는 기술은 선박과 오일 및 가스 생산을 위한 근해 플랫폼의 건조로 획득한 기술과 유사한 관계로, 엔지니어 및 설계자와 기능 인력 및 노동자의 유연성을 위한 새로운 도전은 대응 훈련을 요구한다.

영국의 북동부에 있는 닛산 자동차 공장은 일자리를 만들고 있으며, 닛산 전기 자동차를 위한 배터리 조립 공장은 기존 작업자들의 신기술 습득이 요구되는 새로운 고용 기회를 창출하고 있다.

신기술 및 기존 직무의 녹색화

분야별 기술위원회는 분야별 기술 협정 및 자격 전략을 통하여 그 분야의 필요 기술을 확인하는 책임이 있다. 노동시장 조사는 기존 및 새로운 분야의 기술 요구와 차이를 파악하기 위해 빈번히 이루어지는데, 다음과 같은 사항을 포함한다: 미래 계획의 구상, 국가적인 고용주 조사, 노동력 조사 및 고용주/각 분야의 공동 조사/자문. 이러한 과정이 광범위한 기술 요구를 확인하는 것을 주도하지만(민간 원자력 발전, 재무 분야/탄소 거래제 및 환경/국토기반 산업에 대한 사례 연구), 법제화 하는 것 또한 중요한 역할을 한다. 예를 들면, 전국적으로 스마트 에너지 계량기를 사용하는 것으로 법령을 개정하면,

스마트 에너지 계량기 설치자의 수요가 창출될 것이다(사례 연구).

가장 최근의 발전은 영국 고용 및 기술 위원회가 위에서 언급한 이들 저탄소 분야를 주로 포함하는 중요한 분야의 기술 요구에 대한 연간 보고서를 만드는 것으로 예측된다는 것이다(신흥 저탄소 분야에 대한 사례 연구).

6.6.4 기술 요구에 대한 대응

녹색 구조조정

해런드 엔 볼프(Harland and Wolff)사는 선박건조/석유 시추 작업자들에 대하여 회사 자체의 훈련 시설 및 개인 훈련 계획을 통하여 풍력 터빈에 대한 재훈련을 실시하고 있다.

영국 북동부의 닛산 및 지역발전공단은 전기 자동차 및 배터리 제조 근로자에 대한 기술을 개발하기 위하여 협력 체제를 구축하고 있다. 지역발전공단은 고급 기술 및 지식을 위해 국가훈련센터(전문 기술), 졸업자 고용 프로그램(졸업자) 및 R&D 기관(시험 코스)과 함께 기술 대응을 선도하고 있다.

신기술

새롭게 부상하는 풍력, 파력 및 조력 분야에 있어서, 이들 분야의 참여를 촉진하고 증대시키기 위한 도제제도 및 경력 지도(STEM에 초점을 맞추어서)를 개발하기 위해 정부와 함께 산업체 주도 협의체를 설립하였다. 이들 협의체는 2020년까지 풍력 및 해양 에너지산업에 투입될 60,000명의 인력을 훈련시키도록 분야 및 기술 단체와 교육 분야에 권한을 행사한다.

스마트 에너지 계량기에 대한 훈련의 부족에 대응하기 위해, 브리티시 가스(British Gas)의 고용주 주도 대응으로 이 대규모 사업에 필요한 신규 입사자의 훈련을 위해 5개의 새로운 훈련센터가 설치되고 있다. 신규 고용자들은 현장훈련과 현장 이외의 훈련을 혼합한 형태로 23주간의 외부-인정 자격 훈련 프로그램을 이수하게 될 것이다.

기존 직무의 녹색화

3가지의 녹색화 대응은 각 분야의 기술 대응을 쉽게 전파하는데 있어서 분야별 기술 위원회의 중요성을 보여준다:

(a) 민간 원자력 발전 - 국가 기술 학회, 개발된 기술 자격증, 더 고급의 전문 기술을 제공하기 위한 기초 학위를 통하여 분야 기술위원회/고용주에 의하여 주도된다;

(b) 국토 기반 환경 - 분야 기술위원회에 의하여 주도되며, 14세에서 19세의 청소년을 위한 학사과정 개발, 고령/퇴직 노동력을 대체하기 위한 신규 투입 노동력의 부족 문제 해결, 경력 경로의 신설, 녹색 기술을 갖춘 미래 노동인력;

(c) 탄소 거래 - 상품 거래자를 위한 기술 추가, 민간 제공자/고용주 주도(분야 기술위원회의 관여는 없음) 및 유럽기후거래소를 통하여 제공되는 훈련.

6.6.5 결론

산업 및 노동시장에서의 주요 녹색화 변환

영국 정부의 환경 전략들은 전반적 기술에 대한 구조적 변화의 관련성이 일반적으로 인정되더라도 일반적으로 중요한 기술 개발 구성요소를 담지 않는다.

기술 영향 및 개발

정부 기술 전략은, 낮은 수준의 기술과 경제의 핵심 분야에 있어서 향상 기술 및 상위 직업 수준을 위한 기회의 증대에 대한 투자와 관련된 정부 저탄소 산업 전략과 일반적으로 일치한다.

대응 기술 개발을 위한 시스템 내에서, 우리는 노동 수요 및 요구 기술의 미래 예측을 반영한 분야 및 세부분야 별 노동력을 위한 기술 전략을 관망해야만 한다. 우리는 또한 향후 10년간에 걸친 기술 차이 및 기술 부족과 공공 차환에 대한 우선권이 있는 자격 및 기술 세트의 평가를 관망해야만 한다. 결과적으로, 녹색 기술 및 녹색 직무에 대한 핵심 대응은 분야별 기술위원회의 작업과 그들의 분야별 기술 협정의 대응에서 찾아야만 한다.

6.6.6 권장 사항

회원국의 기술 예측 접근법을 위하여

영국 고용 및 기술 위원회가 분야별 기술 위원회의 조정과 교차분야의 녹색 기술들이 다루어지는 것을 책임지는 역할의 수행이 중요해질 것이다.

기술 예측과 성인 교육에 대한 자금지원 사이의 연계를 개선하는 것이 필요하다. 2010년 4월에 업무를 개시할 기술자금지원공단은 이것에 대해 책임을 질 것이다.

회원국/지역 VET 시스템을 위하여

저탄소 분야 개발을 위한 핵심 과제는 현재 작업자들뿐만 아니라 향후 작업자들의 낮은 STEM(과학, 공업기술, 공학 및 수학) 수준이다. 모든 교육 및 훈련 과정에 걸쳐 STEM 과목 및 기술의 채택 및 성취도 제고가 필요하다.

웨일즈 및 스코틀랜드에서는 경제의 녹색화에 대한 충분한 국가적 대응을 확실하게 하는 보다 나은 기술 대응이 요구된다.

용어

EU	European Union; 유럽 연합
CVET	Continuing Vocational Education and Training; 계속직업교육훈련
DE	Germany; 독일
DK	Denmark; 덴마크
EE	Estonia; 에스토니아
FR	France; 프랑스
IVET	Initial Vocational Education and Training; 기초직업교육훈련
LCEA	Low Carbon Economic Area; 저탄소경제 분야
STEM	Science, Technology, Engineering and Mathematics 과학, 기술, 공학 및 수학
TVET	Technical Vocational Education and Training 기술직업교육훈련
UK	United Kingdom 영국
VET	Vocational Education and Training 직업교육훈련

참고 문헌

Bird, J.; Lawton, K. (2009). *The future's green: jobs and the UK low-carbon transition*. London: ippr - Institute for Public Policy Research.

BIS (2010). *Meeting the low carbon skills challenge: a consultation on equipping people with the skills to take advantage of opportunities in the low carbon and resource efficient economy*. London: Department for Business Innovation and Skills (URN 10/849).

Brøndum & Fliess (2009). *Erhvervs-og efteruddannelser i et cleantech perspektiv*. Copenhagen: Danish Ministry of Education.

BVET (2009). *Skills for sustainability - Second edition*. New South Wales Board of Vocational Education and Training - New South Wales Department of Education and Training.

Estonian strategy for competitiveness 2009-2011: overview and updates to the Estonian action plan for growth and jobs 2008-2011. Tallinn: The State Chancellery of the Republic of Estonia.

EurActive.com (2010). *Europe 2020: green growth and jobs?* 24 February 2010. Available from Internet: http://www.euractiv.com/en/priorities/europe-2020-greengrowth-and-jobs-linksdossier-280116 [cited 31.5.2010].

European Commission (2010). *Communication from the Commission: Europe 2020: a European strategy for smart, sustainable and inclusive growth*. Luxembourg: Publications Office (COM(2010 2020 final).

ILO (2010). *Skills for green jobs: a global view*. Geneva: ILO.Innovas(2009). *Low carbon and environmental goods and services: an industry analysis*. For UK Department for Business, Enterprise and Regulatory Reform.Winsford: John Sharp, Innovas Solutions Ltd.

Laboratory Demographic Change et al. (2009). *Jointly tackling demographic change in Europe*. Berlin: Econsense.

Le Grenelle Environnement (2009). *Rapport final du comite de filiere energies renouvelables*. Paris: Ministere de l'Ecologie, de l'Energie, du Developpement durable et de la Mer.

Ministere de l'Education Nationale (forthcoming). *Developpement durable, gestion de l 'energie: evolutions et consequences sur l' offre de diplomes*.

Pollin, R.; et al. (2009). *The economic benefits of investing in clean energy: how the economic stimulus program and new legislation can boost US economic growth and employment*. Amherst: PERI - Political Economy Research Institute, University of Massachusetts.

The UK low carbon transition plan: national strategy for climate and energy. (2009). Norwich: TSO -. the Stationery Office.

UNEP et al. (2008). *Green jobs: towards decent work in a sustainable, low-carbon world*. Nairobi: UNEP.

한국산업인력공단 연구보고서 및 번역자료

1. 연구보고서

연도별	과 제 명
1994	1. 다기능기술자 양성에 따른 효율적 국가기술자격검정 방안연구 2. 신인력정책과 고용보험제도 도입에 따른 공단의 역할
1995	1. 훈련기준 및 출제기준개발을 위한 직무분석방법 개선에 관한 연구 2. 훈련체제 개편에 따른 효율적인 단기훈련 실시방안 3. 독일과 한국의 다기능기술자 양성과정 비교분석 연구
1996	1. 교육개혁 방안에 따른 공단의 역할 검토 2. 효율적 학사운영을 위한 지도업무개선 방안 3. 공단교원의 직무자격 향상방안
1997	1. 국가기술자격취득자의 산업사회 기여도 조사 2. 공단 고용안정기능의 활성화 방안 3. 공단 직업교육훈련기관 평가기준개발 4. 교육개혁과 기술변화에 따른 기능대학의 역할고찰
1998	1. 벤처기업 기술·기능인력 수요조사 2. 외국인 근로자 직종의 국내인력 대체가능성 조사 3. 실업자 재취업을 위한 기능인력 고용수요 및 구직자의 직업훈련 요구 조사 4. 실업대책 민간직업훈련 실태조사(인정직업훈련기관을 중심으로) 5. 사무관리분야 국가기술자격의 확대운영방안 연구
1999	1. 해외취업 현황과 해외취업 활성화 방안 2. 지식기반산업의 직업훈련 실시 가능 직종 선정을 위한 기준 설정 3. 사회안전망 측면에서의 공공직업훈련 역할 재정립 방안
2000	1. 직업능력개발 활성화를 위한 웹기반훈련 발전방안 2. 근로자 파견 사업 및 파견 근로자 교육사업 수행방안 3. 자격시장 실태분석 및 민간자격 개발 방향 4. 수익사업 개발 및 수행에 따른 예산운영제도 개선방안 5. 공단 직업훈련 과정별 모듈(Module)훈련개발 및 실시방안 6. 공단 훈련사업과 자활사업의 연계방안 7. 프랑스, 체코의 직업 훈련 및 자격검정 제도연구
2001	1. 지식정보화 사회에서의 새로운 직업교육훈련에 관한 이론적 고찰 2. 전통기능의 상품화 방안 기초연구 3. IT관련직종 인력양성 및 자격검정 활성화 방안 4. 여성 직업능력개발훈련 활성화 방안 5. 고용허가제 도입과 공단의 업무수행 방안 6. 국가간 자격의 상호인정에 대한 실태 및 추진방안 7. 공공직업훈련 투자효과 분석 기초연구 8. 공공직업훈련제도 개선 방안

연도별	과 제 명
2002	1. 직업능력개발훈련과 고용안정의 효율적인 연계방안 2. 한국산업인력공단 비전과 실천전략 방안 3. 21세기 공공직업훈련의 국제동향 4. 공단 직업훈련기관 자율운영체제 확대 방안 5. 전통기능의 상품화 방안 6. 통일을 대비한 북한 인적자원 개발방안 7. 면허와 자격의 비교연구 8. 동구권 국가 직업훈련제도 연구를 통한 교류 협력 확대방안 9. 기능사 양성과정 인력공급의 위기와 과제 10. 공단 직업능력개발훈련 효과분석 11. 국가기술자격에 대한 사회적 인식 및 활용도 조사
2003	1. 기술분야 원격대학 설립을 위한 수요조사 및 운영방안 2. 고령화 사회에 대비한 공공훈련기관의 직업능력개발체제 보완 방안 3. 북한이탈주민의 국가기간산업인력화 방안 4. 공공훈련기관의 산학협력 강화방안 5. 직업훈련기준과 국가기술자격 출제기준의 연계방안 강화 6. 고학력 청년층에 대한 직업능력개발 방안 7. 직업전문학교 수료 근로자의 장기근로 유도방안 8. 방송인력 양성을 위한 훈련직종 연구 9. 여성직종 노동시장 및 직업능력개발에 관한 연구
2004	1. 국가기술자격취득자 활용현황 2. 제1차 지식기반산업직종 개편사업에 대한 성과분석 3. 직업전문학교 고학력 훈련생 훈련실태 분석 및 개선방안 4. 지역본부의 역할 정립을 위한 업무매뉴얼 개발 5. 일본, 유럽국가의 기능장려제도 조사 6. 국가기술자격 기능사등급 자격종목의 수검자 실태분석과 예측 7. 부산지역본부내 직교 양성과정 수료생의 입직실태 분석을 통한 양성훈련 개선방안

연도별	과 제 명
2005	1. 국가기술 자격검정의 관리운영 혁신방안 2. 국가기술자격 기사, 산업기사, 자격종목의 수검자 실태분석 예측 3. 직원자질 향상 전략체계 설정 및 교육훈련체계 수립 4. 훈련생 취업 등 사후관리 실태분석 및 개선방안 5. 국가기술자격 검정합격자 자격증 교부 실태분석 및 개선방안 6. 중소기업 근로자 평생학습 지원을 위한 신규사업 개발 7. HRDKorea 학습조직 활성화 방안 8. '04 외부고객만족도조사 결과분석에 따른 고객만족도 향상방안
2006	1. 산업사회 변화에 부응하는 명장선정 직종 개편방안연구 2. 직업방송사업의 타당성 및 실행방안 연구 3. 우선선정직종 훈련수요조사 4. 2006년도 기초직업능력표준 훈련프로그램 (교재) 개발 5. e-Learning 콘텐츠개발 수요조사 6. 국가직업능력표준 실용화를 위한 제도화 방안 연구 7. 훈련비용 기준단가 조사분석 8. 국가기술자격등급체계 개선연구 9. 평생능력개발콘텐츠 계층별 수요조사 10. 평생능력개발 콘텐츠개발 보급활용 실태조사 및 체계화방안 연구 11. 국가자격시험 통합관리체계 개선방안 연구 12. 국가기술자격효용성 평가체계 구축연구 13. 국가시험 답안지 재배역 프로그램 도입방안 검증 연구 14. 국가기술자격실기검정 재료 및 기능경기대회 경기용 재료 입찰 방법 개선방안 연구 15. 2006년도 노사공동훈련 지도 및 모니터링 사업 결과 보고 16. 호주 뉴질랜드 해외자격조사 결과 보고서 17. 국가기술자격 조사 분석 중장기 기본계획 18. Vision 2010 출제관리 중장기 발전계획 19. 현장수요 중심의 국가기술자격 등급체계 설계 방안 20. 2006년도 중소기업 학습조직화 지원사업종합성과보고서 21. HRD 우수기관 인증사업 종합결과보고서-06년도 사업결과 및 활성화 방안 22. 2006년도 직업능력개발 훈련기관 및 과정평가

연도별	과 제 명
2007	1. 해외취업연수기관 평가 2. 조직진단 및 BSC 성과관리 체계구축 연구 3. 국내기능경기대회 직종개편 연구 4. 기초직업능력표준 제도화 방안 연구 5. 기초직업능력표준 직업교육훈련 프로그램 (교재) 개발 연구 6.. 기계 (금형) 분야 직업능력표준개발 연구 7. 사업지원서비스분야 영역체계화 및 직업능력표준개발 연구 8. 사무직 근로자 경력개발 제도화방안 연구 9. 백세장수사회 및 기술환경 변화에 대비한 평생능력개발 지원사업연구 10. 국가기술자격통계분석 11. 기능장려 사업 홍보전략 및 실행 방안 연구 12. 국가기술자격의 적정 검정 수수료 산정을 위한 제비용 원가분석 연구 13. 직업능력표준 효용성 분석 체계 구축방안 연구 14. 기술사 검정방식 개선 방안 연구 15. 수요자 중심의 직업능력개발훈련기준 체계구축을 위한 개선방안 연구 16. 중소기업학습조직화 지원사업 성과분석 연구 17. 국가자격시험 적정응시수수료 산정 연구 18. HRD 우수기관 인증사업 성과분석 및 발전 방안 연구 19. 국가기술자격종목의 07년도 효용성 평가 연구
2008	1. 국가기술자격 검정방식 개선방안 연구 2. 난이도, 변별도 개선을 통한 합격율 관리 방안에 관한 연구 3. 공단 R&D 활성화 방안 4. 국가직업능력표준-훈련-출제기준 연계방안에 관한 연구(자동차 분야) 5. 일본의 자격체계와 출제관리 연구 6. 국가기술자격 수험자 기초통계 7. 연구보고서 요약집 8. 국가기술자격종목 운영 모니터링〈전문사무분야〉 9. 국가기술자격 출제기준 서술체계 분석 연구 10. 호주의 자격체계와 훈련패키지에 관한 연구

연도별	과 제 명
	11. '08년 국가기술자격 수험자 동향 분석(학생, 취업자, 여성, 장애인 취약계층, 실업자, 준고령자 취약계층, 취소자, 결시자, 신설종목 및 수험인원 소수/급감종목 편)
	12. 국가직업능력표준-훈련-출제기준 연계방안에 관한 연구(기능분야 미용, 인쇄직종 중심)
	13. 국가직업능력표준·훈련기준·출제기준 연계방안
	14. 피부미용사 국가기술자격 종목의 수험자 특성 분석
	15. 영국의 자격체계와 검정·출제관리 연구
	16. 위탁제도 변화에 부합하는 검정관리 운영개선 방안연구
	17. 외국인 근로자 자발적 귀환 프로그램(AVR) 개발 연구
2009	1. 국제협력사업의 체계적인 추진방향에 관한 연구
	2. 저탄소 녹색성장에 따른 국가기술자격 발전방향에 관한 연구
	3. 국가기술자격 취득 외국인 형황분석에 관한 연구
	4. 2009년 국가기술자격 수험자 기초통계(상반기)
	5. 2009년 국가기술자격 수험자 동향분석(상반기)
	6. 국가기술자격 필기시험 주관식 문제의 문항구성에 관한 연구
	7. 산업별/직업별 생애주기를 고려한 국가기술 자격 효용성 평가에 관한 연구
	8. 국가기술자격 필기시험 주관식 문제의 문항구성에 관한 연구
	9. 한일 IT자격 상호인정 성과분석
	10. 사업내 자격 실태 및 개선방안 연구
	11. 일본 기술사제도 운영 실태에 관한 연구
	12. AHP기법을 이용한 합격율 예측모델 개발에 관한 연구
	13. 실기검정 합격율 분석을 통한 자격검정 효율화방안 연구
	14. 국가기술자격 효용성 제고방안(전기·정보처리·정보통신분야)
	15. 호주 기술사제도 운영 실태에 관한 연구
	16. 2009년 국가기술자격 수험자 기초통계(하반기)
	17. 2009년 국가기술자격 수험자 동향분석(하반기)
	18. 국가기술자격시험 수험자 점수특성 분석
	19. 미국의 자격제도 연구 - PE 제도를 중심으로 -
	20. 캐나다 자격제도 연구 - P.Eng 제도를 중심으로 -
	21. 국가기술자격 응시자 특성별 합격율에 관한 연구
	22. 출제의 질관리를 위한 문항분석 및 문항관리 방안

연도별	과 제 명
2010	1. 외국의 자격제도 운영에 관한 연구 2. 국가기술자격시험 면제제도 개선방안에 관한 연구 3. 공단R&D인프라 및 프로세스 개선방안 연구 4. 표준활용 최적화를 위한 표준-훈련-출제기준 개정주기 연계방안 연구 5. 미국연방자격 표준제도 및 시행지침에 관한 연구 6. 소수업종 기능수준 등 평가문제개발 연구 7. 합격율 변동에 따른 국가기술자격 특성 분석 8. 직업능력개발 분류 체계 개편 방안 9. 국가기술자격 종목별 변천 실태 및 과제 연구 10. 국가기술자격 취득자 활용 법령 연구 11. 영국의 교육훈련 및 자격제도에 관한 연구 12. 사업 내 자격 지원사업의 효과성 분석 13. 국가기술자격 수험인원 결정요인 분석 14. 문항 및 통계분석시스템을 활용한 합격율 예측 및 난이도 결정에 관한 연구 15. 2010년도 국가기술자격 수험인원 급변종목 수험자 특성분석 16. 국가직업능력표준 표준프로세서 업무지침 17. 국가기술자격 고객소리의 유형별 분석을 통한 만족도 향상 방안 18. 독일의 자격제도에 관한 연구 19. 국가기술자격 수험자 동향분석(상·하반기) 20. 국가기술자격 수험자 기초통계(상·하반기) 21. 사업내 자격관리 가이드북

2011	1. 국가직무능력표준을 활용한 자격종목 재설계 방안에 관한 연구
	  - 도장도금·용접·자동차·제과제빵·조경 -
	2. 2010년도 국가기술자격 수험자 기초통계
	3. 2011년 국가기술자격 수험자 동향분석
	4. 국가직무능력표준을 활용한 자격종목 재설계 방안에 관한 연구
	  - 의복·비파괴검사·조리·인쇄 및 사진·섬유 분야 -
	5. 2011년 국가기술자격 종목별 기업 효용성 평가 연구
	6. 제조업 기능수준 등 평가 평가지 개발에 관한 연구
	7. 영국의 서비스분야 자격제도 및 자격종목 조사연구
	8. 호주의 서비스분야 자격제도 및 자격종목 조사연구
	9. 미국의 서비스분야 자격제도 및 자격종목 조사연구
	10. 독일의 서비스분야 자격제도 및 자격종목 조사연구
	11. 모의평가를 통한 기능장 검정방법 개선 연구
	12. 직업능력개발을 위한 국가기술자격제도의 역할 및 기능

2. 번역자료

연도별	자 료 명	발 행 처
1994	1. 미국의 실업보험 2. 프랑스의 고용보험 3. 독일직업훈련규정·교과과정(전기, 전자) 4. 개정 직업자격개발촉진법의 해설	미국 위스콘신대 출판국 프랑스정부 독일연방통신조합 일본 노동성
1995	1. 외국의 직업훈련관계법(합본) 　(미국, 노르웨이, 스위스) 2. 일본의 직업자격개발 행정 3. 직업훈련에 있어서 지도의 이론과 실제 4. 직업훈련정책과 방법에 대한 스웨덴, 독일, 일본의 비교 연구 5. 노동시장과 직업연구 보고서 6. 직업훈련 적정성 7. 직업훈련교사론	미국, 노르웨이 및 스위스 정부 일본 노동성 일본 노동성 〃 유네스코 독일 노동시장 및 직업훈련연구소 독일 직업교육경제관리국 독일 연방직업훈련연구소
1996	1. 영국의 직업교육훈련 2. 프랑스의 직업교육훈련 3. 독일의 직업교육훈련 4. EC자격증 상호인정에 관한 제안서 5. 호주의 자격중심훈련(CBT)제도 6. 독일의 직업훈련규정·교과과정(금속가공분야) 7. 금속가공기술의 새로운 훈련방법 8. 직업교육과 중소기업촉진 9. 사업내 직업훈련의 효용성 10. 독일대학의 산학협동 교육과정 11. 지식의 측정과 인적자본 회계	유럽직업훈련개발센터 〃 〃 OECD 호주연방 및 주훈련 자문위원회 독일연방직업훈련연구소 〃 〃 쾰른 독일경제연구소 독일경제연구소 OECD
1997	1. 네덜란드 직업교육훈련 2. 일본의 국가시험 자격시험전서 3. 스위스 성인수료검정보고서 4. 교육훈련의 일·독한 비교 5. 청소년을 위한 직업교육훈련 6. 덴마크의 직업교육훈련 7. 직업교육훈련에서 직업기능과 직업자격의 평가와 자격검정 8. 독일의 직업훈련법 9. 일본의 직업자격개발조사연구 보고서 10. 일본의 직업자격개발 관계자료	유럽직업훈련개발센터 일본 자유국민사 스위스Zürich주 직업교육청, 직업교육연구소 일본중앙대학 출판부 OECD 유럽직업훈련개발센타 OECD 독일정부 일본노동성 〃

연도별	자 료 명	발 행 처
1998	1. 직업훈련교사와 직업훈련 담당자 제도	유럽직업훈련개발센터
	2. 첨단기술매체를 이용한 원격교육	OECD
	3. 중국의 국가직업기능검정 제도	중국 노동성
	4. 미국의 성공적인 직업훈련 전략과 프로그램	미국 회계감사원(GAO)
	5. 독일의 직업교육훈련 개혁 방안	독일 연방교육과학기술부
	6. 지식경제의 기업가치	OECD, Ernst & Young
	7. 영국의 교육과 고용	영국정부
	8. 자격의 경제학	今野浩一郞, 下田健人 공저(일본)
1999	1. 미국의 청소년훈련과 실업자훈련 특성 및 효과	GAO, Job Corps
	2. 수요자 중심의 실업자 직업훈련	EC
	3. 직업교육훈련 평가	미국 노동부
	4. 직업교육훈련의 국제 비교 (대만, 싱가폴, 남아공)	영국 Routeledge社
	5. 브라질의 직업훈련 제도	독일 국제기술교류재단(CDG)
	6. 캐나다(퀘벡), 이탈리아의 직업훈련제도	OECD
2000	1. 일본의 사무·기술자격과 유네스코의 학교검정연구	일본중앙직업능력개발협회, UNESCO
	2. 체코, 포르투갈의 직업훈련	체코직업기술교육연구소, 포르투갈고용연구소
	3. 인력의 고급화를 위한 계속전문교육	OECD
	4. 컴피턴시 중심의 직업교육훈련과 자격검정	호주 Pitman Publishing
	5. 미래의 새로운 직업들	독일 Die Zeit
	6. 미국의 공공고용촉진서비스	OECD
2001	1. 일본 정보처리기술자 Skill표준 및 시험 (Skill표준, 시험신제도의 개요, 시험출제범위 및 시험문제)	일본정보처리개발협회
	2. 대외적 능력에 기반한 평가	Alison Wolf(영국)
	3. 모듈 훈련의 이론과 실제	필리핀 콜롬보플랜
	4. 직업교육훈련에서의 열린훈련, 유연한 학습	영국 Kogan Page
	5. 통합자격 시험	독일 Reiss/Lippitz/Geb
2002	1. 직업훈련시스템 관리 : 고위 관리자용 편람	Vladimir Gasskov
	2. 정부, 시장과 직업자격 : 정책의 해부	Peter Raggatt and Steve Williams
	3. 청년실업 및 고용정책 : 국제적인 시각	ILO
	4. 노동시장 정책과 공공고용서비스	OECD
	5. 직업교육 연구의 전망	BIBB

연도별	자 료 명	발 행 처
2003	1. 일본의 직업능력개발행정 (1999년도 노동행정요람 中)	일본노동기구
	2. 해설 일본의 직업능력개발(2000년도판)	인재개발연구회
	3. 일본의 제7차 직업능력개발기본계획	일본후생성
	4. 메카트로닉스기능사 및 기타직종의 훈련기준	독일연방직업훈련연구소(BIBB)
	5. MEA97 항공기술 훈련과정	호주훈련청(ANTA)
	6. 이탈리아 직업훈련제도 및 ISFOL의 역할	이탈리아 근로자 직업훈련개발연구소 (ISFOL)
	7. 유럽 직업 및 자격검정의 신경향	유럽직업훈련개발센타(CEDEFOP)
2004	1. HRD프로그램의 실행 및 평가	캐나다 Harcourt College Publishes
	2. 미국 기술사면허 및 국제엔지니어링협회 검정평가보고서	미국 국제기술사등록위원회(USCIEP)
	3. 미래직업 전망	캐나다 Government Pub Center
	4. 독일 개정수공업법	독일중앙수공업협회(ZDH)
	5. 독일 수공업계 직업양성 및 향상교육의 유럽화 및 차별화	〃
2005	1. 평생학습 촉진을 위한 국가자격제도의 역할 - 호주실태 보고서 -	OECD (경제협력개발기구)
	2. 체계적 교수 설계	Center on Education and Training for Employment
	3. 훈련요구 분석	International Training Centre of the ILO
	4. NVQ 검사인 및 평가인 안내서 - A1, A2, V1 단위에 대한 실용적인 입문서 -	Kogan Page
	5. 공공능력개발 시설에서 수행하는 훈련효과 측정	Stylus Public
2006	1. 레드씰 프로그램 통합기준	캐나다 알버타 주정부 도제산업 훈련청
	2. 평생학습 촉진을 위한 국가자격제도의 역할 - 독일실태 보고서 -	OECD(경제협력개발기구)
	3. 평생학습 촉진을 위한 국가자격제도의 역할 - 영국 실태 보고서 -	OECD(경제협력개발기구)
	4. 비즈니스 커리어 제도 능력개발의 기준 (강좌인정기준)	중앙직업능력개발협회

연도별	자료명	발행처
2007	1. 성인의 평생직업능력개발 촉진	OECD(경제협력개발기구)
	2. 근로자 직업능력향상 실증적 분석 및 사회적 파트너의 역할	OECD(경제협력개발기구)
	3. 유럽의 직장내 학습	CIPD(영국 공인인력개발 연구소)
	4. 태즈먼해 양한 상호인정 협정	호주, 뉴질랜드 정부
	5. 임금과 훈련의 상관관계(유럽의 경우)	OECD(경제협력개발기구)
2008	1. 훈련기준 생성과정	독일연방직업교육연구소
	2. 캐나다 알버타주 도제제도와 산업훈련	캐나다, 알버타 주정부
	3. 평생학습과 연계한 자격제도	OECD(경제협력개발기구)
	4. 대학생과 취직	일본, 노동정책연구·연수기구
	5. 아시아의 외국인 근로자 도입제도와 실태	일본, 노동정책연구·연수기구
2009	1. 레드 씰 캐나다 국가직업분석(배관/2008)	캐나다 인적자원 및 사회개발부
	2. 국가자격체계 도입 길잡이	ILO - Ron Tuck -
	3. 캐나다 알바타주 도제 훈련과정 개요- 배관 -	캐나다 알바타주 도제 및 산업훈련청
	4. 캐나다 연차훈련보고서 - 2007~2008년, 브리티시 콜롬비아주 -	브리티시 콜롬비아 주 산업훈련청
	5. 학습성과의 이행 - 유럽의 정책과 실행 -	CEDEFOP(유럽직업훈련개발센터)
	6. 유럽고등교육 통합구역 자격을 위한 기본체계	볼로냐 프로세스 실무그룹
	7. 직업훈련 기준의 분야별 개정에 관한 기초 연구 - 2006년도 전기 전자 분야 -	일본, 직업능력개발종합대학교 능력개발연구센터
	8. 미국의 15개 산업분야의 직업세계 탐험	미국행정부
2010	1. 유럽의 국가자격검정 체계 개발	CEDEFOP(유럽직업교육훈련개발센터)
	2. 발전적 방향으로의 노동이주-아시아태평양 지역에서의 실행	ILO(국제노동기구)
	3. 컨설팅 서비스 매뉴얼	World Bank
	4. 국경 간 이주 및 개발 -내부 및 국제 이주에 대한 연구 및 정책 관점	Renouf Pub Co
	5. 직업교육 및 훈련 현대화 -제4차 유럽의 직업 및 훈련 종합보고서	CEDEFOP(유럽직업교육훈련개발센터)
	6. 프랑스의 직업교육과 훈련	CEDEFOP(유럽직업교육훈련개발센터)
2011	1. 산업/기업과 등록훈련기관의 협력관계	TVET Australia
	2. 평가 절차의 품질	TVET Australia
	3. 자격체계와 학점제도의 연계 - 국제비교 분석 -	CEDEFOP(유럽직업교육훈련개발센터)
	4. 변화하는 자격 - 자격정책 및 실무 검토 -	CEDEFOP(유럽직업교육훈련개발센터)
	5. 사회서비스분야의 품질보증/훈련의 역할	CEDEFOP(유럽직업교육훈련개발센터)
	6. 호주 직업교육훈련 평가 모음집	TVET Australia